\初心者から/
ちゃんとしたプロになる

PHP
基礎入門

NEW STANDARD FOR PHP

柏岡秀男 著

改訂2版

books.MdN.co.jp
MdN
エムディエヌコーポレーション

JN211919

©2024 Hideo Kashioka. All rights reserved.
本書に掲載した会社名、プログラム名、システム名、サービス名などは一般に各社の商標または登録商標です。本文中で™、®は明記していません。
本書は著作権法上の保護を受けています。著作権者、株式会社エムディエヌコーポレーションとの書面による同意なしに、本書の一部或いは全部を無断で複写・複製、転記・転載することは禁止されています。

本書は2024年6月現在の情報を元に執筆されたものです。これ以降の仕様、URL等の変更によっては、記載された内容と事実が異なる場合があります。本書をご利用の結果生じた不都合や損害について、著作権者及び出版社はいかなる責任も負いません。

はじめに

　PHP は簡単な言語です。この本を読んで、すぐにインターネットに公開して、ドンドン稼ごう！と期待して、本書を手にしていただいた方には、はじめに謝らないといけません。

　残念ながら、この本は「ちゃんとしたプロ」への道の第一歩にしかすぎません。手にとってパラパラとめくっただけではプロになれません。しかし、この本にはプログラムの動く仕組みや、データベースとの関係性、セキュリティのことなど、これからプログラムを学んでいく上で必要なことを網羅したつもりです。

　近年 AI の台頭でプログラムを自分で書く必要がなくなるという話もあります。もしかしたら数年でそのような世界がやってくるかもしれません。その時に重要になるのは、「何を行うのか」、「どのようなことが必要なのか」を理解することではないでしょうか。遠回りに見えるかもしれませんが、結局はプログラミングの基礎体力がものをいうと思います。

　丁寧に読み進めていただければ、その次のステップアップにつながる基礎体力がつくようにと本書を執筆しました。
　簡単に動くプログラムが作れる本やサイトはいくらでもあるでしょうが、しっかりと地力をつけながら PHP プログラミングを学びたい人にお勧めしたいと思っています。

　ぜひ、この本を入り口に PHP の世界、プログラミングの世界の一歩目を踏み出してください。

2024 年 7 月
有限会社アリウープ　柏岡秀男

Contents 目次

Lesson 1

PHPとは 9

01 XAMPPでPHPの実行環境を準備する 10

02 PHPとは 24

03 PHPが動く仕組み 26

Lesson 2

PHPの基本 29

01 変数を使う 30

02 算術演算子 36

03 文字列演算子 38

04 条件によって処理を変える 40

05 if〜elseによる複数の条件分岐 46

06 処理を繰り返す 54

07 配列とループ処理 58

08 2次元配列を扱う 68

09 PHPとHTMLを共存させる 76

10 includeとrequireで別ファイルを読み込む 80

11 関数を使う 84

Lesson 3 簡単なWebアプリケーションを作成する … 93

01 CSVファイルを読み込む ……………………………………………… 94

02 CSVファイルのデータを1件ずつ処理する ……………………102

03 クロスサイトスクリプティング（XSS）の対策を行う ………108

04 よく使う処理を関数化する ……………………………………116

05 適正体重の計算アプリ① 適正体重を計算して表示する …………120

06 適正体重の計算アプリ② 追加機能とXSS対策 ………………130

07 APIを利用したアプリ① 郵便番号検索プログラム …………………136

08 APIを利用したアプリ② 郵便番号のバリデーション …………148

Lesson 4 データベースを操作する ………………………………159

01 データベースについて………………………………………160

02 MySQLでデータベースを作成する準備 …………………164

03 SQL文でデータベースを操作する ………………………172

Lesson 5 データベースと連携したWebアプリケーション …187

01 PHPとデータベースを連携する …………………………188

02 PHPでデータを表示しよう ………………………………194

03 PHPでデータを追加する …………………………………198

04 入力内容のバリデーションを行う ………………………206

05 データベース接続処理を関数化する ··············· 212

06 データを更新する仕組みを作成する ··············· 218

07 更新用の入力フォームを表示する ················· 222

08 データの更新を行う ····························· 230

09 プログラムの共通部分を別ファイル化する ········· 234

Lesson 6

ログイン処理とセッション ················· 241

01 データベースにユーザを登録する ················· 243

02 ログイン処理を行う ····························· 246

03 ログイン時のみ操作できるようにする ············· 254

04 トークンを利用してCSRF対策を行う ············· 258

用語索引 ·· 268

執筆者紹介 ·· 271

本書の使い方

本書は、PHPの初心者の方に向けて、PHPとMySQLの基本知識とサーバーサイドプログラミングの制作方法を解説したものです。本書の構成は以下のようになっています。

> **解説ページ**　記事テーマごとに基本的な内容を本文と図版で解説し、補足的な説明を加えています。

① 記事テーマ
記事番号とテーマタイトルを示しています。

② 解説文
記事テーマの解説。文中の重要部分は黄色のマーカーで示しています。

③ 図版
画像やソースコードなどの、解説文と対応した図版を掲載しています。

④ 側注

　解説文の黄色マーカーに対応し、重要部分を詳しく掘り下げています。

memo　実制作で知っておくと役立つ内容を補足的に載せています。

WORD　用語説明。解説文の色つき文字と対応しています。

サンプルのダウンロードデータについて

本書の解説に掲載しているコードやファイルなどは、下記のURLからダウンロードしていただけます。

https://books.mdn.co.jp/down/3224303005/

【注意事項】
・弊社Webサイトからダウンロードできるサンプルデータは、本書の解説内容をご理解いただくために、ご自身で試される場合にのみ使用できる参照用データです。その他の用途での使用や配布などは一切できませんので、あらかじめご了承ください。
・弊社Webサイトからダウンロードできるサンプルデータの著作権は、それぞれの制作者に帰属します。
・弊社Webサイトからダウンロードできるサンプルデータを実行した結果については、著者および株式会社エムディエヌコーポレーションは一切の責任を負いかねます。お客様の責任においてご利用ください。
・本書に掲載されているPHPやHTMLの改行位置やコメントなどは、紙面掲載用として加工していることがあります。ダウンロードしたサンプルデータとは異なる場合がありますので、あらかじめご了承ください。

Lesson 1

PHPとは

PHPはWebサーバ上で実行されるプログラム言語なので、ご自身のパソコンに実行環境を構築する必要があります。本書ではXAMPPを利用します。また、PHPの基本的な仕組みもここでみておきましょう。

準備 ▷ 基礎 ▷ 練習 ▷ 実践

XAMPPでPHPの実行環境を準備する

Lesson 1 - 01

> **THEME テーマ**
> PHPの学習を始める前に、まずPHPの実行環境を準備しましょう。本書では、WindowsでもMacでも使用できるXAMPPを利用します。

PHPの実行環境とは

　PHPは、通常のアプリケーションなどと異なり、ファイルをダブルクリックするだけでは動作しません。詳しくは後述しますが、PHPは、Webサーバ上に設置してブラウザからアクセスすることで実行します。

　通常のパソコンではWebサーバが動作していないので、自分でインストールしてWebサーバを起動する必要があります。このような実行環境の構築にはさまざまなツールがありますが、本書では、最も簡単にPHPの実行環境を構築できるソフトの1つである、**XAMPP** 図1 を利用します。

図1　XAMPP

https://www.apachefriends.org/jp/index.html

> **memo**
> 実際の開発の現場では、Docker (docker-compose) などを利用して開発環境を構築するケースも増えています。すでに利用されている方や試してみたい方はぜひDockerでの構築にチャレンジしてみてください。

XAMPPのダウンロード

　本書では環境の差異の少ないXAMPPを利用して開発環境を構築します。まずはXAMPPのページからXAMPPをダウンロードしましょう。

Windowsの場合

　XAMPPのトップページにアクセスして、該当するプログラムをダウンロードします。本書では原稿執筆時点の最新バージョンである「8.2.12(os x 8.2.4)」を利用していますが、基本的にはトップページにある最新版をダウンロードすればよいでしょう 図2 。

図2　XAMPPのダウンロード（Windows）

https://www.apachefriends.org/jp/index.html

Macの場合

　Macの場合も、トップページから最新版をダウンロードできます。「OS X向け」をクリックしましょう 図3 。

図3 XAMPPのダウンロード（OS X）

https://www.apachefriends.org/jp/index.html

.dmgファイルがダウンロードされるので、ダブルクリックするとインストーラーが表示されます。

インストールを開始する

ダウンロードが完了したら、インストーラーをダブルクリックして起動します 図4 。

図4 インストール画面（Windows）

インストールは、基本的に初期設定のまま進めていけば大丈夫です。最後は「Do you want to start the Control Panel now?」にチェックを入れて「Finish」ボタンをクリックするとXAMPPが起動します。

> memo
> XAMPPのバージョンによってインストール画面が変わる可能性があります。

> memo
> MacではXAMPPをインストールする際にブロックされる場合があります。その際はシステム設定の「プライバシーとセキュリティ」からインストールを許可してください。

> memo
> Macの場合は「Launch XAMPP」にチェックを入れて「Finish」ボタンをクリックします。

XAMPPを起動する

XAMPPの起動方法は、WindowsとMacで異なります。現状では自動的に起動した状態になっているはずですが、ひとまず起動方法を順に見ていきます。

Windowsの場合

XAMPPを起動する場合は、スタートメニューから「XAMPP」＞「XAMPP Control Panel」をクリックして起動します。

XAMPPが起動したら、起動しているサービスを確認します。本書で起動する必要があるのはWebサーバの「Apache」とデータベースの「MySQL」⊃です。背景に色がついていない場合は起動していないので、「Start」ボタンをクリックして起動しましょう 図5 。

→ 164ページ **Lesson4-02**参照。

memo
Apacheが起動しない場合、ポートが使用されている可能性があります。その場合、「config」ボタンからポートを変更（8888など）に変更してください。

図5　XAMPP Control Panel画面（Windows）

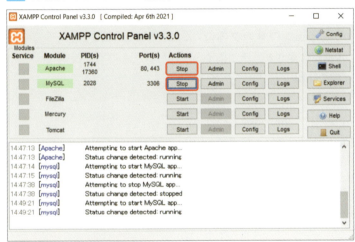

ApacheとMySQLが起動した状態

Macの場合

アプリケーションフォルダから「XAMPP」＞「manager-osx.app」をダブルクリックして起動します。

XAMPPが起動したら、「Manage Servers」タブをクリックして起動しているサービスを確認します。Webサーバの「Apache Web Server」とデータベースの「MySQL Database」が「Stopped」となっている場合は起動していないので、それぞれ選択して「Start」ボタンをクリックして起動しましょう 図6 。

図6 **Manage Servers画面（Mac）**

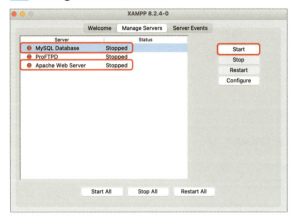

PHPファイルの設置

XAMPPは、インストール時に変更していない限り、WindowsではCドライブ直下、Macではアプリケーションフォルダ内に「xampp」または「XAMPP」の名前でフォルダが作成され、そこにインストールされています。このフォルダ内の**「htdocs」フォルダ**が、PHPファイルを設置する場所です。

本書では「xampp」＞「htdocs」フォルダ内に「phpbook」というフォルダを作成し、ここにPHPファイルを設置していく前提にします 図7 図8 。

図7 **PHPファイルの設置場所（Windows）**

図8 **PHPファイルの設置場所（Mac）**

memo

Macの場合、「XAMPP」フォルダ直下の「htdocs」はシンボリックリンクです。実際には「XAMPP」フォルダ＞「xamppfiles」内に「htdocs」フォルダが存在します。「xamppfiles」＞「htdocs」フォルダに「phpbook」フォルダと「1st.php」ファイルを設置する際は、「htdocs」フォルダを書き込み可能に設定しておいてください。

まずは、この「phpbook」フォルダにPHPファイルを設置してみます。テキストエディタ等に 図9 のコードを入力して、「1st.php」というファイル名で保存してください。ひとまずはメモ帳などでもかまいませんが、あとで紹介するコーディングに便利な機能を備えたエディタを使用することをおすすめします。

> **memo**
> 以降で紹介しているプログラムファイルは、本書のサンプルデータに収録されています。本書のサンプルデータの入手方法については、P8をご覧ください。

図9 1st.php

```php
<?php
phpinfo();
?>
```

ブラウザでの実行

　PHPはWebサーバが稼働している環境で、ブラウザでアクセスすることで実行します。前述の場所にPHPフォルダを設置した場合、ブラウザのアドレス欄に 図10 のURLを入力してアクセスすると、設置したPHPファイルが実行されます。すると、 図11 のような画面が表示されます。

図10 アクセスするURL

```
http://localhost/phpbook/1st.php
```

図11 表示画面

PHP Version 8.2.12	php
System	Windows NT PC-MDN-BOOK1-30 10.0 build 19045 (Windows 10) AMD64
Build Date	Oct 24 2023 21:10:40
Build System	Microsoft Windows Server 2019 Datacenter [10.0.17763]
Compiler	Visual C++ 2019
Architecture	x64
Configure Command	cscript /nologo /e:jscript configure.js "--enable-snapshot-build" "--enable-debug-pack" "--with-pdo-oci=..¥..¥..¥instantclient¥sdk,shared" "--with-oci8-19=..¥..¥..¥instantclient¥sdk,shared" "--enable-object-out-dir=../obj/" "--enable-com-dotnet=shared" "--without-analyzer" "--with-pgo"
Server API	Apache 2.0 Handler
Virtual Directory Support	enabled
Configuration File (php.ini) Path	no value
Loaded Configuration File	C:¥xampp¥php¥php.ini
Scan this dir for additional .ini files	(none)
Additional .ini files parsed	(none)
PHP API	20220829
PHP Extension	20220829
Zend Extension	420220829
Zend Extension Build	API420220829,TS,VS16
PHP Extension Build	API20220829,TS,VS16
Debug Build	no
Thread Safety	enabled
Thread API	Windows Threads

　1st.phpに記述した「**phpinfo()**」という命令は、そのサーバの設定状況などを表で表示します。

　サーバの状況が正しいかなどを確認できる便利な命令ですが、他人に見られるとセキュリティ上のリスクとなるので、公開時には削除するようにしましょう。

PHPのエラーが表示されるように設定する

さて、このphpinfo()というのはPHPがどのような設定で動いているか設定値を確認できます。

ブラウザの検索機能を利用して、「display_errors」という文字列を検索してみましょう 図12 。

図12 phpinfo()画面で「display_errors」を検索（Macの場合）

Core		
PHP Version	8.2.4	
Directive	**Local Value**	**Master Value**
allow_url_fopen	On	On
allow_url_include	Off	Off
arg_separator.input	&	&
arg_separator.output	&	&
auto_append_file	no value	no value
auto_globals_jit	On	On
auto_prepend_file	no value	no value
browscap	no value	no value
default_charset	UTF-8	UTF-8
default_mimetype	text/html	text/html
disable_classes	no value	no value
disable_functions	no value	no value
display_errors	Off	Off
display_startup_errors	On	On

「Off」と設定されている場合は、PHPのプログラムを書いてエラーが発生した場合でも、エラーの情報が表示されません。実際の公開サーバなどではエラーを表示するとセキュリティのリスクとなるので、「Off」にしておきましょう。

ただし、開発時はエラーの情報が見られたほうが便利なので、「Off」になっている場合はエラーを表示する設定に変更しましょう。設定するファイルは「php.ini」というファイルで、このファイルでPHPの設定を行います。

php.iniファイルを変更する

読み込んでいるphp.iniファイルの位置は、phpinfo()画面で「Loaded Configuration File」を検索すると表示されます。原稿執筆時点のバージョンでは、Windowsの場合はCドライブ直下の「xampp」＞「php」＞「php.ini」ファイル、Macの場合はアプリケーションフォルダの「XAMPP」＞「xampfiles」＞「etc」＞「php.ini」ファイルです。

このファイルをエディタで開き、先ほどと同様に「display_errors」を検索してみましょう。

先頭が「;」の行はコメントの行です。何箇所か検索にかかると思いますが「;」で始まらない「display_errors=Off」となっている行を見つけて「display_errors=On」に書き換えてください 図13 。

> **memo**
> XAMPPのバージョンによっては、「display_errors」の設定が初期状態でOnになっている場合があります（原稿執筆時点のWindows版最新バージョン等）。その場合は「php.ini」を変更する必要はありません。

16　Lesson1-01　XAMPPでPHPの実行環境を準備する

図13 php.iniの変更

```
display_errors=Off
     ↓
display_errors=On
```

XAMPPのWebサーバを再起動する

修正したらファイルを上書き保存します。ファイルを書き換えただけでは実行中のPHPの設定は変わらないため、Webサーバを再起動します。

先ほど同様の要領で、いったん「Apache」を「Stop」ボタンで停止し、再度「Start」ボタンでリスタートします **図14** **図15**。

図14 Apacheの再起動（Windows）

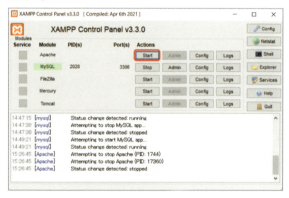

図15 Apache Web Serverの再起動（Mac）

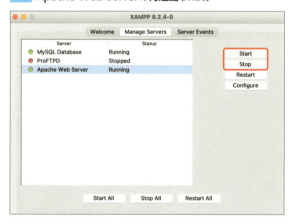

サーバの再起動が完了したら、設定が更新されるはずです。ブラウザで先ほどのphpinfo()画面（http://localhost/phpbook/1st.php）をリロードしてみましょう。「display_errors」が「On」になっていれば正しく更新しています **図16**。

図16 phpinfo()画面で「display_errors」を検索

Core		
PHP Version	8.2.4	

Directive	Local Value	Master Value
allow_url_fopen	On	On
allow_url_include	Off	Off
arg_separator.input	&	&
arg_separator.output	&	&
auto_append_file	no value	no value
auto_globals_jit	On	On
auto_prepend_file	no value	no value
browscap	no value	no value
default_charset	UTF-8	UTF-8
default_mimetype	text/html	text/html
disable_classes		
disable_functions	no value	no value
display_errors	On	On
display_startup_errors	On	On

　では、実際にエラーが表示されるか試してみましょう。1st.php
ファイルの内容を 図17 のように書き換えてみます。

図17 1st.php（書き換えた状態）

```php
<?php
phpinfo2();
?>
```

　ブラウザをリロードすると、図18 のように表示されるはずです。

図18 実行結果

Fatal error: Uncaught Error: Call to undefined function phpinfo2() in C:¥xampp¥htdocs¥phpbook¥1st.php:2
Stack trace: #0 {main} thrown in **C:¥xampp¥htdocs¥phpbook¥1st.php** on line **2**

　このエラーメッセージを直訳すると「phpinfo2() という未定義関
数を呼び出そうとした」という意味です。簡単に言うと「ない機能
を使おうとしたね」ということです。

コーディング用のエディタ

　必須ではありませんが、PHPのコードを記述する際には、コー
ディング用のエディタを利用すると便利です。
　いろいろな種類のエディタがありますが、よく使われているの
はMicrosoft社の「**Visual Studio Code**」というエディタです。

Visual Studio Codeの特徴

　Visual Studio Code は、Microsoft 社が開発している、無料で使

> **memo**
>
> この先にも自分でコードを入力していく
> と、必ずPHPのエラーに遭遇します。
> PHPのエラーメッセージは修正する箇
> 所のヒントになりますので、エラーが出
> た場合はあわてずにまずメッセージを
> 読んでみるようにしましょう。それでも
> わからない場合は初めのエラーの部分
> をサーチエンジンなどで検索すると、同
> じようなエラーが発生しているケース
> が見つけられるケースもあります。入
> 力間違いも多いので、エラーが発生し
> た場合はまずはエラーメッセージの内
> 容からファイル名と何行目かを見て、正
> しく入力されているかよく確認するく
> せをつけましょう。

用できるエディタです。Extensionという機能拡張ファイルをインストールすることで、コーディングする際に便利で多彩な機能を追加できる点も魅力です。Windows、Mac、Linuxの3つのOSに対応しているため、使用環境も選びません 図19 。

図19 Visual Studio Codeの画面

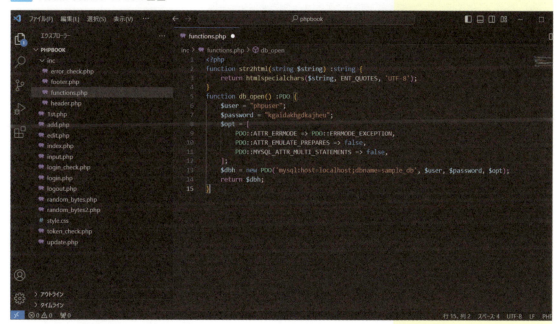

Visual Studio Codeのインストール

Visual Studio Codeは、 図20 のWebサイトからダウンロードできます。

図20 Visual Studio CodeのWebページ

https://azure.microsoft.com/ja-jp/products/visual-studio-code/

「Visual Studio Codeをダウンロードする」をクリックして、OSごとのダウンロードページからご利用のOSのバージョンをダウンロードしましょう 図21 。

図21 Visual Studio Codeのダウンロードページ

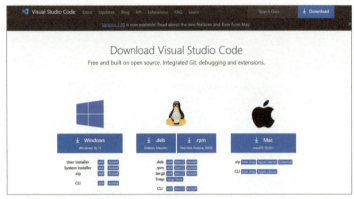

https://code.visualstudio.com/download

　Windowsの場合はダウンロードして解凍したファイルをダブルクリックするとインストーラーが起動します。
　Macの場合は、ダウンロードしたZIPファイルを解凍すると「Visual Studio Code.app」ファイルができるので、「アプリケーション」フォルダに移動して使用します。

Visual Studio Codeの日本語化

　インストールが終了したら、起動して、日本語化するために「Japanese Language Pack for Visual Studio Code」をインストールします 図22 。左ペインの「Extensions」アイコンをクリックし、「Japanese Language Pack for Visual Studio Code」を検索します。ヒットしたら、「Install」をクリックしましょう。

図22 Visual Studio Codeの日本語化

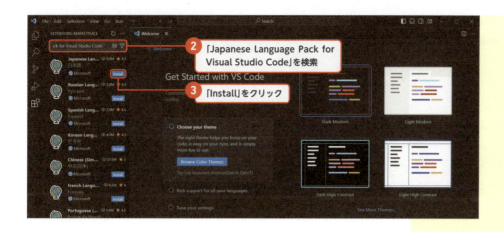

「Japanese Language Pack for Visual Studio Code」のインストールが終わると、右下に「Change Language and Restart」ボタンが表示されるので、クリックしてVisual Studio Codeを再起動してください。

Visual Studio Codeでファイルを開く

では、先ほどの「1st.php」を開いてみましょう。まず、左ペインの「エクスプローラー」をクリックすると「開いているフォルダーがありません」と表示されるので、「フォルダーを開く」ボタンをクリックします 図23 。

図23 Visual Studio Codeでフォルダーを開く

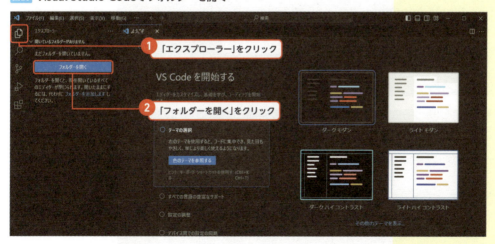

フォルダー選択ダイアログでXAMPPの「htdocs」フォルダ内の「phpbooks」フォルダを選択して開きます。

左ペインに「1st.php」ファイルが表示されるので、クリックしてみましょう。「1st.php」ファイルの内容が表示されます 図24 。

図24 Visual Studio Codeでファイルを開いた状態

Visual Studio CodeのExtensionをインストールする

前述のようにVisual Studio CodeはExtensionで機能を拡張することができます。PHPのコードを記述する際におすすめのExtensionが「**PHP Intelephense**」です 図25。

このExtensionは、コードの入力時にコードヒントを表示したり、書こうとしているスペルを補完したりしてくれるため、入力間違いによるエラーなどが格段に減ります。

図25 PHP Intelephenseのインストール

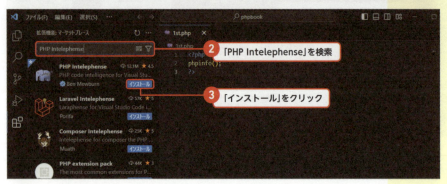

実際にコードを入力してみましょう。1文字入力すると、候補となる関数などが表示されます 図26。

図26 PHP Intelephenseの表示①

　続いて 図17 で記述したエラーがでる状態にしてみましょう。「phpinfo2」の下に赤い波線が表示されるので、ここにマウスカーソルをあわせると表示される**「問題を表示」**をクリックします 図27 。すると、エラーの詳細が表示されます 図28 。

図27 PHP Intelephenseの表示②

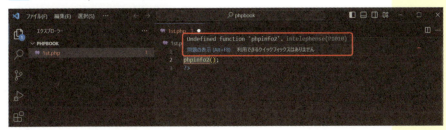

図28 PHP Intelephenseの表示③

　Visual Studio Code には Git や Docker なども扱いやすくする Extension もありますので、それらを利用する際にもおすすめです。
　実際にPHPを仕事で利用する現場では、PHPに特化した有料の「PhpStorm」を使うケースもよくあります。仕事で利用する場合はぜひ検討してみてください。
　これで、PHPのコードを書いていく環境構築は終了です。さっそく次セクションからPHPのコードを書いていきましょう。

Lesson 1
02 PHPとは

15 min

> **THEME テーマ**
> PHPをこれから学んでいく前に、まずはPHPがどのようなプログラミング言語かを見ていきましょう。

PHPはどこで使われているか

この本を手に取った方はすでに **PHP** をご存知の方も多いでしょう。

PHPはスクリプト言語です。HTML＋CSSだけではできない動的なコンテンツを作成したり、APIサーバを構築したり、データベースとの接続を行ったりすることができます。

現在、PHPは世界中で広く利用されており、Webサーバのシェアの約8割を占めています。

なお、PHPを利用したサービスやWebサイトとして有名なものとしてFacebook 図1 やWikipedia 図2 などがあります。

> **WORD ▶ PHP**
> PHPという言語名は、ラスマス・ラードフ氏が開発した動的なWebページを生成するためのツール「Personal Home Page Tools」から名付けられた。その後「PHP：Hypertext Preprocessor」を再帰的に略した名称と改められている。

図1 Facebook

図2 Wikipedia

PHPを利用したアプリケーション

PHPを利用したアプリケーションも数多くあります。近年でシェアが増大している**CMS**の**WordPress**もPHPで作成されています。WordPressのシェアは世界でも膨大で、サーバ上でのPHPの稼働率にかなり貢献していると言えます。

同じくCMSのDrupalや、ECサイト構築に便利なCMSの**EC-CUBE**などもPHPで作成されています。

PHPのフレームワーク

またPHPには多くの**フレームワーク**が存在しており、WebサイトやWebアプリケーションを作成するのによく利用されます。有名なフレームワークに、LaravelやCakePHPなどが挙げられます。これらについては、本書を読み終わった後にチャレンジしてみるのもよいでしょう。

PHPでなにができるか

ここまでPHPのサイトやPHPのフレームワークを紹介しました。ですが、本書を手に取っている読者の方々にとって、一番気になっているのはPHPを使うとどんなことができるのかという点でしょう。

PHPは、CMSであるWordPressやEC-CUBEを作ることもできる言語ですから、小規模なプログラムから大規模なプログラムまで作成できます。

小規模な例としては、ファイルの内容を表示したり、簡単なアンケートを作ったり、データを処理する日々の業務に使用するプログラムの作成などがあります。

本書では、簡単なプログラムであれば自分でいちから作れるようになる基礎知識とともに、プログラムを公開する際に最低限必要な対策もあわせてお伝えしていきます。

WORD　CMS

Content Management System（コンテンツ管理システム）の略。テキストや画像など、Webサイトを構成するコンテンツを管理するシステムのこと。

WORD　WordPress

世界のCMSの中でNo.1のシェアを誇るオープンソースのCMS。もともとはブログが得意なCMSだがプラグインの利用などによりECサイトなどの構築を行うことも可能。

WORD　EC-CUBE

日本発のEC向けCMS。日本発であるため日本の商習慣に合わせた利用が可能で、事例も豊富なことから多く利用されている。ライセンスもGPLライセンスと有償ライセンスが存在する。

WORD　フレームワーク

アプリケーションを作成するのによく使う機能などが組み合わされたもの。利用するためにはそれぞれのフレームワークの利用方法を学ぶ必要があるが、習得後は多くの人がすでに利用しているコードを利用することとなり、高速に堅牢なアプリケーションを構築することが可能となる。

Laravel公式サイト
https://laravel.com/

CakePHP公式サイト
https://cakephp.org/jp/

Lesson 1 03 PHPが動く仕組み

> **THEME テーマ**
> PHPはサーバサイドスクリプト言語と呼ばれています。一方、同じくWeb制作でよく使用されるJavaScriptはクライアントサイドスクリプト言語に分類されます。

PHPはWebサーバ上で動作する

　PHPは、Webサーバ上で動作する**サーバサイドスクリプト言語**です。HTMLに組み込まれたJavaScriptのようにブラウザ上で動く（これをクライアントサイドスクリプト言語といいます）のではなく、Webサーバと協調しながら動きます 図1。

図1 サーバサイドとクライアントサイド言語の違い

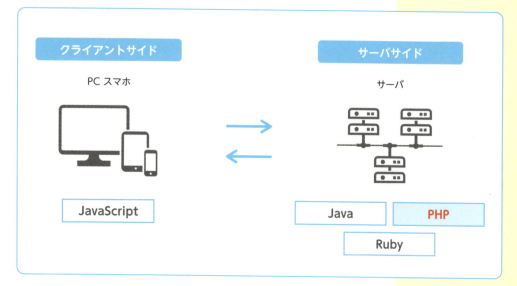

　またスクリプト言語なので、JavaやC#などのプログラミング言語のような**コンパイル**をする必要がありません。そのため、開発時にすぐ確認することができます。2020年11月にリリースされたPHP8によりさらなる高速化も行われました。
　PHPはWebに適した言語です。もともとHTMLと共存する形を得意としていましたが、近年はバージョンアップでPHPの高速

> **WORD コンパイル**
> プログラムのテキストを実行可能な形式に変換すること。

化が進み、Webページに留まらずPHPを利用するシーンが増え
ています。

PHPの記述方法

PHP は拡張子 .php のファイルに、HTML と共存する形で記述し
ます。なお、PHP プログラムの部分は「**<?php**」と「**?>**」でくくると
いうルールがあります。まずは、簡単なサンプルプログラムを見
てみましょう。

図2 は、「<?php」ではじまり「 ?>」で終わっています。中に書い
てある「**echo**」はその後に続く値を表示する命令です。命令の最後
には「**;**」（**セミコロン**）が付きます。文字列は「**"〜"**」で囲むことで、
プログラムの命令と区別します。

memo
PHPファイルの拡張子は、設定により変更可能です。

図2 簡単なPHPのコード

```
<?php
echo "こんにちは";
?>
```

前述したように、PHP は HTML と共存させて、同じファイルに
書くことができます。図3 のコードを hello.php のファイル名で保
存して、P14で作成したphpbookディレクトリに設置してみましょ
う。

図3 hello.php

```
<html>
<body>
    <h1> さいしょの PHP プログラム </h1>
    <b>
    <?php
    echo "こんにちは";
    ?>
    </b>
</body>
</html>
```

27

設置したら、下記のURLにブラウザでアクセスしてみましょう。

http://localhost/phpbook/hello.php

アクセスすると 図4 のように表示されます。

図4 hello.phpの表示

さいしょのPHPプログラム
こんにちは

ブラウザ内で右クリックしてソースコードを表示してみましょう。すると 図5 のように表示されます。

図5 ブラウザで表示されたhello.phpのソースコード

```
1  <html>
2  <body>
3    <h1>さいしょのPHPプログラム</h1>
4    <b>
5    こんにちは　　</b>
6  <body>
7  </html>
```

ソースコードを見てみると「<?php 〜 ?>」のタグが表示されていないことがわかります。もちろん、ブラウザで読み込んでいるPHPファイル自体からPHPのコードがなくなったわけではありません。これは 図6 のようにサーバサイドでPHPが実行されるためです。

サーバ側でHTMLを生成し、それをブラウザに返しています。ブラウザ到達時にはすでにHTMLとして出力が完了しています。そのため、ブラウザ上から見えるソースにはPHPのコードが含まれていないのです。

図6 サーバサイドにおけるPHPの実行

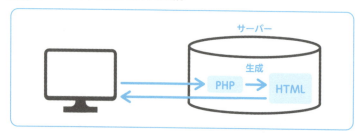

Lesson 2

PHPの基本

> ここでは、PHPの基本的な書き方をひと通り学びます。プログラミング自体が初めての方のために、変数や配列、関数、条件分岐、ループ処理等も基礎的な考え方から解説していきます。

変数を使う

THEME テーマ プログラミングの第一歩として、まずは変数を学びます。プログラムの中で数値や文字列等を扱う際は、基本的に変数を使います。

変数とは

それでは少しずつPHPに慣れていきましょう。PHPは状況により表示する内容が変化します。値を変化させるために重要な役割を担うのが**変数**です。変数は、値を入れる箱によく例えられます 図1 。

図1 変数のイメージ

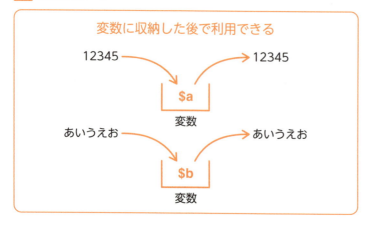

数学の方程式では、実際の数値の代わりに、xとyとzを使ってx+y=zなどと計算します。このような感覚はプログラムの変数を理解するのによいイメージとなります。

変数の書き方

PHPでは、変数を次のように記述します 図2 。

図2 変数の書き方

```
$ 変数名 = 値
```

　変数名の前には**「$」**が付きます。このように記述すると変数に値が格納されます。プログラムの中では**「$変数名」**でその値を呼び出すことができるようになります。では、実際に書いてみましょう**図3**。

　=の左側の「$greeting」が変数名、右側の「"こんにちは"」が変数に格納する値です。ここでは変数$greetingに「こんにちは」という文字列を格納してます。文字列は**"〜"**でくくります。

図3 variable1.php

```php
<?php
$greeting = "こんにちは";
```

変数の中身を表示する

　ではこの変数$greetingを表示してみましょう。表示するためには先ほどの**echo**を利用します**図4**。なおブラウザでは**図5**のように表示されます。

図4 variable2.php

```php
<?php
$greeting = "こんにちは";
echo $greeting;
```

図5 variable2.phpの表示

こんにちは

　続いて、$greetingの中身を**図6**のように変更してみましょう。すると**図7**のように「こんばんは」と表示されます。

図6 variable3.php

```php
<?php
$greeting = "こんばんは";
echo $greeting;
```

---

memo

PHPのコードは<?php〜?>でくくられることには触れましたが、variable1.phpのコードには「?>」がありません。PHPのコードだけが書かれているのであれば、多くの場合、最後の?>は不要です。この先、プログラムが大きくなり、別のファイルを読み込む場合などは、?>が書いてあることで空白や改行などでプログラムがエラーになり、修正によけいな手間がかかることもあります。もちろん、最後の?>を記述しても動作はします。既存のプログラムを利用する場合などは無理して削除する必要はないでしょう。
ただし、P27のサンプルのようにHTMLの記述がある場合などは、PHPプログラムの範囲を規定するために<?phpと?>でくくる必要があります。

Lesson 2　PHPの基本

図7 variable3.phpの表示

> こんばんは

　今回は、単純に変数の値を書き換えています。プログラムが高度になっていくと、データベースの値やプログラムの中で加工した値などを変数に格納していくことになります。たとえば、夕方6時以降に実行した場合は $greeting を「こんばんは」にするという処理を書き加えると、表示する部分は変更せずに、実行する時間帯によって表示する挨拶を変えることができます。このように、変数という仕組みはプログラミングを行う上で不可欠です。

変数のルール

　変数には文字列だけでなく、数値を保存することもできます**図8**。ブラウザで表示すると**図9**となります。

図8 variable4.php

```php
<?php
$price = 1000;
echo $price;
```

図9 variable4.phpの表示

> 1000

　先ほどとの違いを見てみましょう。

　まず、変数名が変わりました。変数はプログラムの中で再利用するものなので、わかりやすい名前を使いましょう。PHPではある程度自由に変数名をつけることができますが、ルールがあります。前述のように、変数は**「$」記号**から始まり、その後に**アルファベット**が続きます。2文字目以降には数字も利用できます。

　注意しなくてはならないのは、**アルファベットの大文字と小文字は区別される**点です。「$greeting」と「$GREETING」は違う変数として扱われます。他にもルールはありますが、ここではこの基本ルールを押さえておきましょう。

> **memo**
> PHPの変数名には記号なども使えます。詳しいルールはPHPマニュアルを参照してください。
>
> https://www.php.net/manual/ja/language.variables.basics.php

複数の単語で変数名をつける

　なお、複数の単語で変数名をつける場合、そのままつなげて書くと単語の境界がわかりづらくなります。わかりやすくるために、単語を _ で結ぶスネークケース、大文字と小文字で単語を繋げるキャメルケース、パスカルケースという表記方法があります。

- ●sample_data：**スネークケース**
- ●sampleData：**キャメルケース**
- ●SampleData：**パスカルケース**

　変数や後述する関数、クラスなどで名前をつける時、プログラムの中で方針が統一されていないと、あとでプログラムを読むときに可読性が落ちます。なるべく統一しましょう。本書では、変数にはスネークケースを用います。

文字列と数値の違い

　もう一点、greeting と price の例では「=」の右辺に違いがあります。それは**「" ～ "」（ダブルクオーテーション）**でくくられているかいないかです。

　変数に入る値にはいくつかの種類があります。greeting に「" こんにちは "」と代入したものは文字列という種類のデータです。price に代入した1000は「" ～ "」でくくられていません。この場合は1000は数値として認識されます。

　このように、「" ～ "」でくくった場合は文字列として扱われる、と覚えておきましょう。

変数の中身を見る

　先ほど触れた数値や文字列などのデータの種類のことを**「型」**と呼びます。変数の値はechoで表示できますが、たとえば「100」と表示された場合、それが数値なのか文字列なのかはわかりません。PHPでは**var_dump()**という命令を利用すると、型を含めた変数の中身を表示できます。

> **WORD スネークケース**
>
> 単語の間をアンダーバーでつなぐ命名規則。見た目が蛇のように波打って見えることが由来とされている。

> **WORD キャメルケース**
>
> つなげる単語の先頭を大文字にする命名規則。横から見たラクダのコブのように見えるのが由来とされている。

> **WORD パスカルケース**
>
> キャメルケースの先頭の単語も大文字にした命名規則。プログラミング言語のPascalで使われていたことが由来とされている。

> **memo**
>
> '～'（シングルクォーテーション）でくくった場合も文字列として扱われます。ただし、挙動には違いがあり、たとえばecho "あいさつ：$greeting";とした場合は、「あいさつ：こんにちは」と変数の値が表示されますが、echo 'あいさつ：$greeting';とした場合は「あいさつ：$greeting」とそのまま表示されます。中で変数を扱う可能性がない場合は'～'を使ってもかまいません。

では、実際にサンプルプログラムで確認してみましょう 図10 。ブラウザで確認すると「string(15) "こんにちは"」という結果が表示されます 図11 。

図10 variable5.php

```php
<?php
$a = "こんにちは";
var_dump($a);
```

図11 variable5.phpの表示

string(15) "こんにちは"

「**string**」と表示されている部分が型です。stringは文字列を表します。その次の「(15)」はlength（長さ）です。lengthは文字数ではなくバイト数での長さなので、「こんにちは」の5文字でも15となります。その後に格納された文字列が表示されます。

では、 図12 の場合を見てみましょう。ブラウザで表示すると 図13 のように表示されます。

図12 variable6.php

```php
<?php
$a = 123;
var_dump($a);
```

図13 variable6.phpの表示

int(123)

int は数値の整数型を表します。ここで表示されている()内はバイト数ではなく、格納されている数値がそのまま表示されています。

続いて、小数点があるとどうなるかを見てましょう 図14 図15 。

> **memo**
> var_dump()は変数の型や値を表示する命令です。このような決まった処理を行う命令を関数といいます。関数についてはP84で詳しく解説します。

> **memo**
> var_dump()は値の出力まで行う関数なので、echoをつける必要はありません。

> **memo**
> 日本語文字列はコンピュータが内部的に利用するエンコーディングによってバイト数が変わります。ここで使われているエンコーディングはUTF-8で、ほとんどの日本語文字は1文字が3バイトになります。

図14 variable7.php

```php
<?php
$a = 175.25;
var_dump($a);
```

図15 variable7.phpの表示

float(175.25)

　float は数値の浮動小数点数型を表します。なお、PHPには **図16** のようなデータ型が存在します。このように内部的には色々な型があるので、変数を利用する場合は何が入っているのかを意識しましょう。

memo

浮動小数点数の扱いは実行しているシステムにも依存します。想定した数値が計算されないなど、実務で使う必要がある場合は精密な結果が必要になりますので、PHPマニュアルの浮動小数数について一読することをおすすめします。

https://www.php.net/manual/ja/language.types.float.php

図16 PHPのデータ型

型のカテゴリ	型の意味	型名
スカラー型	論理値	bool
	整数	int
	浮動小数点数	float（double）
	文字列	string
複合型	配列	array
	オブジェクト	object
特別な型	リソース	resource
	ヌル	null
擬似的な型	混合	mixed
	返り値なし	void
	コールバック可能	callable
	foreach で繰り返し可能	iterable

算術演算子

THEME テーマ 算術演算子を利用すると、数値の計算を行うことができます。日常の計算で使う記号とは異なるものもあります。

簡単なサンプルで演算子を理解する

前セクションでは、変数に数値の代入を行いました。数値はそれぞれ演算することができます。まずは簡単な四則演算をPHPでどのように記述するのかみてみましょう。

「+」は加算を行う演算子です 図1 図2 。

図1 加算（addition.php）

```
<?php
$a = 10;
$b = 2;
echo $a + $b;
```

図2 addition.phpの表示

```
12
```

では、演算子を変えながら結果を確認してみましょう。まずは「-」で減算してみます 図3 図4 。

図3 減算（subtraction.php）

```
<?php
$a = 10;
$b = 2;
echo $a - $b;
```

図4 subtraction.phpの表示

```
8
```

次に乗算を見てみます。乗算には「*」を利用します 図5 図6 。「乗算は×では？」と思う方もいるかもしれませんが、プログラミング言語に限らずコンピューターでは「*」で表現するのが一般的です。

図5 乗算(multiplication.php)

```php
<?php
$a = 10;
$b = 2;
echo $a * $b;
```

図6 multiplication.phpの表示

20

最後に除算を見てみます。除算には「÷」ではなく**「/」**を使います **図7** **図8** 。

図7 除算(division.php)

```php
<?php
$a = 10;
$b = 2;
echo $a / $b;
```

図8 division.phpの表示

5

除算の場合、剰余を求めたい場合もあるでしょう。その場合は**「%」**を使用します **図9** **図10** 。「10÷3＝3あまり1」なので、ここではあまりの「1」が表示されます。

図9 剰余(modulo.php)

```php
<?php
$a = 10;
$b = 3;
echo $a % $b;
```

図10 modulo.phpの表示

1

最後の算術演算子は累乗です。**「**」**を使います **図11** **図12** 。

図11 累乗(exponentiation.php)

```php
<?php
$a = 10;
echo $a**2;
```

図12 exponentiation.phpの表示

100

「$a ** 2」は「$aの2乗」を表します。ここでは「10の2乗」です。プログラムでは日常で利用しているものと違う記号や単語が利用される場合があるので注意しましょう。

> **memo**
> プログラミング言語のFORTRANが乗算に*を利用したことが今日も*で利用されている理由の一つと言われています。

> **memo**
> Excelなどでは「^」で累乗を表しますが、PHPでは「**」を使います。

> **memo**
> 演算子には優先順位があります。算数と同様に、乗算と除算が優先され、()がある場合は()内を先に計算します。
>
> https://www.php.net/manual/ja/language.operators.precedence.php

Lesson 2　PHPの基本

文字列演算子

THEME テーマ　数値には四則演算や剰余・累乗などを計算する演算子がありましたが、文字列の場合は結合する演算子が用意されています。「.」と「.=」です。

文字列を結合する

文字列は""で囲むことをP31で解説しました。文字列は、数値のように計算をすることはできませんが、文字列演算子を利用して別の文字列と結合することができます。結合には**結合演算子**である「**.**」（ドット）を使います。基本的な書き方は 図1 です。

図1　結合演算子の書き方

```
" 文字列 1" . " 文字列 2"
$a . $b
```

ドットでつないだ文字列が結合されます。1行目のように文字列を直接つないだり、2行目のように文字列が格納された変数に使用したりすることができます。

では具体的なサンプルとして2つのパターンを見てみましょう 図2 図3 。なお、ブラウザでは 図4 図5 のように、どちらも2つの文字列がつながって表示されます。

図2　文字列の結合（concatenation1.php）

```
<?php
echo " 文字列 1" . " 文字列 2";
```

図3　文字列の結合（concatenation2.php）

```
<?php
$a = " 文字列 3";
$b = " 文字列 4";
echo $a . $b;
```

図4 concatenation1.phpの表示

文字列1文字列2

図5 concatenation2.phpの表示例

文字列3文字列4

文字列を代入しながら結合する

文字列の結合にはもう一つ、**「.=」**を使うこともできます。これは**結合代入演算子**といいます。この場合、=の右側にある文字列を左側に追記していくイメージです。例を見てみましょう**図6****図7**。

図6 文字列の結合代入(concatenation3.php)

```php
<?php
$text = "こんにちは ";
$text .= "今日の天気は ";
$text .= "いい天気です。";
echo $text;
```

図7 concatenation3.phpの表示

こんにちは今日の天気はいい天気です。

$textに文字列が追記されていき、「こんにちは 今日の天気はいい天気です。」と一行に結合されて表示されます。長文をブロックに分けて処理したり、繰り返し追加するようなケースでよく利用しますので覚えておきましょう。

Lesson 2-04 条件によって処理を変える

THEME テーマ
プログラムは書かれた命令を上から順に実行されていきますが、条件によって処理を変えたり、繰り返したりできます。

ifによる条件分岐

　特定の条件を満たすかどうかで処理を分岐したり、繰り返しを行うための構文を**制御構文**といいます。まずは、条件分岐の制御構文を見てみましょう。

　日常でも「もし〜だったら〜をする」「もし〜でなかったら〜をする」という判断を行います。プログラムでも条件によって処理を切り替えることができます 図1 。

図1 条件による処理の切り替え

　条件分岐とはある条件にあてはまる場合に処理を実行したり、複数の条件によって処理を振り分ける場合に利用します。PHPではこれを**if文**で表現します。if文の書き方は 図2 のようになります。

図2 if文の書き方

```
if（条件）処理
```

　処理がシンプルで1つの命令で実行できる場合は、()内の条件に続いてその処理を記述します。

　図3 の場合は、$condition に true を代入しているため、if の条件が **true（真）** となり、「"条件は true です。"」が表示されます **図4**。

図3 if文の例(if1.php)

```
<?php
$condition = true;
if ($condition) echo "条件は true です。";
```

図4 if1.phpの表示

条件はtrueです。

　図5 の場合は、$condition に false を代入しているため、if の条件が **false（偽）** となり、echo の処理は実行されず、なにも表示されません。

図5 if文の例(if2.php)

```
<?php
$condition = false;
if ($condition) echo "条件は true です。";
```

　なお、この true と false には「""」が付いていません。これは true と false が文字列型ではなく、**論理値型（bool）** ◯の値だからです。true と false は条件の真偽を表す特別な値で、文字列や数値の書式とは扱いが異なる点を覚えておきましょう。

35ページ　**Lesson2-01**参照。

複数の命令がある場合の書き方

ifの条件が当てはまった場合の処理が複数ある場合は、{ ～ }で処理をくくります。書き方は 図6 のようになります。

図6 複数条件がある場合の書き方

```
if ( 条件 ) {
    処理 1;
    処理 2;
}
```

今度は変数に true や false の真偽値を直接代入するのではなく、きちんと条件を書いてみましょう 図7 図8 。

図7 if文の例(if3.php)

```php
<?php
$a = 1;
if ($a === 1) {
    echo "a は 1 です。";
}
```

図8 if3.phpの表示

> aは1です。

この式では $a の値が 1 である場合に条件が満たされたと判定されます。「**===**」は後述する**比較演算子**と呼ばれるもので、「$a が 1 と等しいか」を比較して、true か false かの真偽値を返します。最初に $a に 1 を代入しているため、ここでは true となり、"a は 1 です。" が表示されます。

ではサンプルを書き換えつつ試してみましょう 図9 。この例ではメッセージが表示されません。これは $a に 2 が入っているため $a === 1 が false となるためです。

図9 if文の例(if4.php)

```php
<?php
$a = 2;
if ($a === 1) {
    echo "a は 1 です。";
}
```

---

memo

処理が1行で記述できず、複数行にまたがる場合は、1つの処理でも{～}でくくる必要があります。

memo

echoの前にスペースが4文字分入っていますが、これをインデントといいます。if文の内部の処理などは、このように字下げをしてプログラムの構造を見やすくするのが一般的な書き方です。HTMLやCSSでも同様にインデントを行うので、考え方は同じです。

42　Lesson2-04　条件によって処理を変える

比較演算子

比較演算子は「===」だけではなく、図10 のようなものがあります。

図10 比較演算子

演算子	例	結果
==	$a == $b	$a と $b が等しい場合に true（比較時に型を自動変換）
===	$a === $b	$a が $b が同じ型で、等しい場合に true（型も比較）
!=	$a != $b	$a と $b が等しくない場合に true（比較時に型を自動変換）
<>	$a <> $b	$a と $b が等しくない場合に true（比較時に型を自動変換）
!==	$a !== $b	$a と $b が型も含めて等しくない場合に true（型も比較）
<	$a < $b	$a が $b より小さい場合に true
>	$a > $b	$a が $b よりも大きい場合に true
<=	$a <= $b	$a が $b 以下の場合に true
>=	$a >= $b	$a が $b 以上の場合に true
<=>	$a <=> $b	$a<$b の場合は -1、$a==$b の場合は 0、$a>$b の場合は 1

最後の「<=>」は比較結果が -1、0、1の数値で返ってきます。そのほかは true と false の真偽値で比較結果が返ってきます。

続いて「<」を使った例をみてみましょう 図11 図12 。

> **memo**
> <=>は数値の大小関係を比較し、昇順や降順に並べ替えを行う場合などによく使用されます。

図11 if文の例（if5.php）

```php
<?php
$a = 1;
$b = 2;
if ($a < $b) {
    echo "aはbよりも小さいです。";
}
```

図12 if5.phpの表示

aはbよりも小さいです。

$aに1、$bに2が代入されているため、「"aはbよりも小さいです。"」が表示されます。比較演算子や数値を変えながら、挙動を試してみてください。

注意したいのが「==」と「===」の違いです。図13のサンプルを見てみましょう。ブラウザでアクセスしても何も表示されません。

図13 ===を利用した場合の比較(if6.php)

```php
<?php
$a = "1";
if ($a === 1) {
    echo "aは1です。";
}
```

一見は条件は満たされそうですが、メッセージは表示されません。これは$aに代入されている"1"が文字列であるためです。文字列の"1"と数値の1の比較となり、型が異なるため条件がfalseになります。

比較式の1を""でくくった場合図14は文字列同士の比較となるため、条件がtrueとなり、メッセージが表示されます図15。

図14 ===を利用した場合の比較(if7.php)

```php
<?php
$a = "1";
if ($a === "1") {
    echo "aは文字列の1です。";
}
```

図15 if7.phpの表示

aは文字列の1です。

次に「==」をみてみましょう 図16 。「===」のときには表示されな
かったメッセージが表示されます 図17 。

図16 ==を利用した場合の比較（if8.php）

```php
<?php
$a = "1";
if ($a == 1) {
    echo "aは1です。";
}
```

図17 if8.phpの表示

aは1です。

「==」の場合は**型が相互変換される**ため、文字列"1"と数値1を比
較しても条件を満たしたことになります。
　もともとPHPは手軽にプログラミングできる言語でしたが、近
年は色々なシーンで利用されるようになり、より厳密な型の比較
が求められるケースもあります。型の違う値をうっかり一致させ
てしまう事故を避けるために、通常は「===」を用いた厳密な比較
を優先して使いましょう。

Lesson 2-05 if～elseによる複数の条件分岐

THEME テーマ　前セクションではif文で1つの条件によって処理を変えましたが、複数の条件で分岐したいときはif～else文を使用します。

PHPを使用した入力フォームの処理

ここではよく使う例として、入力フォームの処理と**if ～ else文**を組み合わせてみます。まず、いったん入力フォームについてみてみましょう。入力フォームはWebページ上でユーザに情報を入力してもらうために使われます　図1　。

図1　入力フォームの処理

入力フォーム　　　　　　　入力された情報を受信

まずは、シンプルなコードでフォームの動作を確認してみましょう。フォームのHTMLは　図2　、sample.phpには　図3　のコードだけを書いておきます。

図2　input.html（フォーム部分）

```
<form method='post' action='sample.php'>
<input type='text' name='a'>
<input type='submit' value='送信'>
</form>
```

図3　sample.php

```
<?php
echo $_POST['a'];
```

ブラウザでinput.htmlにアクセスすると、入力フォームが表示されます。入力フォームになんらかの値を入力して送信ボタンを押してみましょう 図4 。すると、画面が遷移して入力された値が表示されます 図5 。

図4　ブラウザに表示された入力フォーム

| 1234 | 送信 |

図5　入力した値が表示される

1234

これは 図1 にあるように、 📍 input.html から入力値が sample.php に渡り、sample.php がブラウザに値を返したという流れです。入力値は PHP では 図6 の書き方でやりとりします。

図6　入力値の書き方

```
$_POST [ ' フォームの name 属性値 ' ]
```

ここでは、input.htmlでテキストフィールドを「<input type='text' name='a'>」と書いているため、「$_POST['a']」となります。

入力フォームの情報をif文で扱う

入力フォームの基本を覚えたところで、この仕組みを利用してif ～ else文の動作を試してみましょう。

先ほどのPHPのコードに、まずはif文のサンプルを入れ、それにあわせてHTMLファイルを変更します 図7 図8 （次ページ）。

📎 **memo**

HTMLファイルはXAMPPのPHPファイと同じディレクトリに配置してください。また、アクセスするアドレスは「http://localhost/phpbook/input.html」(phpbookフォルダに配置した場合)となります。

Lesson 2 | PHPの基本

❗ **POINT**

ユーザからの入力をそのままPHPで利用したり、出力したりするプログラムにはセキュリティリスクが存在します。このサンプルでは省略しますが、対策についてはLesson3-03で解説しているので参考にしてください。

図7 input2.html（変更部分）

```
<form method='post' action='sample2.php'>
```

図8 sample2.php

```php
<?php
$a = $_POST['a'];
if ($a === '1') {
    echo "aは1です。";
}
```

PHPではまず、$a = $_POST['a'] で入力した値を変数aに代入しています。さらに、if文を記述し、条件には $a === '1' と、入力値が '1' かどうかを判定しています。シングルクォーテーションでくくっているのは、入力フォームから渡ってきた値は、たとえ数字を入力しても**すべて文字列として取り扱われる**ためです。

実際に入力フォームに何か入力して、1以外の時にメッセージがでないことを確認してください**図9 図10**。

> **memo**
> 文字列として扱われているのを確認するために、''を削除して1を入力した場合の結果も確認してみましょう。

図9 1を入力した場合

1　　　　　　送信	aは1です。

図10 1以外を入力した場合

2　　　　　　送信	

if〜else文で条件を分岐する

if文では条件を満たさない場合にはメッセージを表示できません。

条件を満たさない場合にメッセージを表示する方法として、if文のみを使ってメッセージを振り分けるやりかたがあります。

「1ではない」という否定の条件は、「===」の部分を「!==」とすることで表現できます⏩。たとえば、次のように書くとよいでしょう**図11 図12**。1以外を入力すると**図13**のように表示されます。

> ⏩ 43ページ　**Lesson2-04**参照。

48　Lesson2-05　if〜elseによる複数の条件分岐

図11 input3.html（変更部分）

```
<form method='post' action='sample3.php'>
```

図12 sample3.php

```
<?php
$a = $_POST['a'];
if ($a === '1') {
    echo "aは1です。";
}
if ($a !== '1') {
    echo "aは1ではありません。";
}
```

図13 1以外を入力した場合の表示

ただし、このような場合はもっと簡単な書き方があります。それが **if～else文** です。if～elseの書き方は 図14 のようになります。

図14 if～elseの書き方

```
if ( 条件 ) {
    条件が true の場合に実行される処理
} else {
    条件が false の場合に実行される処理
}
```

if文を複数書くのではなく、「条件にあてはまらない場合」の処理をelse以下に書くことができます。先ほどの例を書き換えてみましょう 図15 。

図15 sample4.php

```
<?php
$a = $_POST['a'];
if ($a === '1') {
    echo "aは1です。";
} else {
    echo "aは1ではありません。";
}
```

> **memo**
> 以降は、PHPファイルのコードのみを掲載します。HTMLファイルはここまでと同様に新しいPHPファイルにリンクしたものを使用してください（サンプルデータではHTMLファイルをinput○.htmlのファイル名で収録しています）。

フォームへ入力する値を変更しながら動作を試してみましょう。else後の{～}の部分は入力値が'1'以外でifの条件が満たされない場合、すなわちfalseの場合に実行されます 図16 。

図16 1以外が入力された場合の表示

| 2 | 送信 |

aは1ではありません。

if～elseif文で条件を分岐する

　では、さらにもう一歩踏み込んで別の条件を作成してみましょう。たとえば1と2では個別のメッセージを出して、それ以外はまとめてメッセージを出すといったケースです。この場合には**elseif**という書き方ができます。elseifの書き方は 図17 のようになります。

図17 elseifの書き方

```
if ( 条件1) {
    条件1が真の場合に実行される処理
} elseif ( 条件2) {
    条件1以外で条件2が真の場合に実行される処理
} else {
    条件1・2が偽の場合に実行される処理
}
```

　では、実際に書いてみましょう 図18 。ブラウザで表示すると 図19 のようになります。

図18 sample5.php

```php
<?php
$a = $_POST['a'];
if ($a === '1') {
    echo "aは1です。";
} elseif ($a === '2') {
    echo "aは2です。";
} else {
    echo "aは1でも2でもありません。";
}
```

50　**Lesson2-05**　if～elseによる複数の条件分岐

図19 フォームに入力した結果の表示

> aは1です。

1を入力した場合

> aは2です。

2を入力した場合

> aは1でも2でもありません。

1と2以外を入力した場合

図18 では2行を追加しました。if文のような書き方ですが、ifの前にelseがつきます。elseifと書いた部分は、その前に記載した条件（$aは'1'）ではなかった場合で、さらに()の条件（$aは'2'）を満たした場合に実行されます。

入力された値が'2'の場合は初めのifの条件には当てはまらないので、「$a === 2」の条件判定を行います。

この条件がtrueであれば処理を行い、この条件がfalseであればさらにelseへと進みます。

なお、elseifは複数並べられます 図20 。ブラウザでの表示は 図21 となります。

図20 sample6.php

```php
<?php
$a = $_POST['a'];
if ($a === 'A') {
    echo "A です。";
} elseif ($a === 'B') {
    echo "B です。";
} elseif ($a === 'O') {
    echo "O です。";
} else {
    echo "ABO 以外です。";
}
```

図21 フォームに入力した結果の表示

> Aです。

Aを入力した場合

> Bです。

Bを入力した場合

> Oです。

Oを入力した場合

> ABO以外です。

A・B・O以外を入力した場合

なお elseif は、前の if 文の条件に当てはまった場合は、条件判定自体が行われない点に注意しましょう。たとえば次の例を見てみましょう 図22 。

図22 sample7.php

```php
<?php
$a = 3;
if ($a > 1) {
    echo "1より大きい";
} elseif ($a > 2) {
    echo "2より大きい";
}
```

この場合、$a は 3 なので、最初の if 文の条件「$a >1」と elseif 文の条件「$a > 2」の両方とも true になります。ですが、実際には「2 より大きい」のメッセージは表示されません 図23 。

図23 sample7.phpの表示

> # 1より大きい

これは、最初の if 文の条件が true と判定された時点で、elseif 文の条件は判定されず、「もし○○だったら△△、そうではなくて□□だったら☆☆」という流れになるためです。

最初の両方とも判定したい場合は、elseif 文を使わずに、if 文を 2 回書きます 図24 。

この場合は、「もし○○だったら△△」、「もし□□だったら☆☆」と 2 つの条件を個別に判定するため、両方とも実行されます 図25 。

52 **Lesson2-05** if〜elseによる複数の条件分岐

図24 sample8.php

```php
<?php
$a = 3;
if ($a > 1) {
    echo "1 より大きい";
}
if ($a > 2) {
    echo "2 より大きい";
}
```

図25 sample8.phpの表示

1より大きい2より大きい

　ちなみにここまでに出てきたtrueとfalseは相反する状態なので、bool型の値$aについて、$a !== false（偽ではない）と$a === true（真である）は同じ判定をします **図26** **図27**。

図26 trueとfalseの判定（sample9.php）

```php
<?php
$a = true;
if ($a === true) {
    echo "a は真です。";
}

if ($a !== false) {
    echo "a は真です。";
}
```

図27 sample9.phpの表示

aは真です。aは真です。

処理を繰り返す

THEME 条件分岐とともによく使われる制御構文がループ処理です。ここではfor文によるループ処理を見ていきます。

ループ処理とは

　プログラムを書きはじめると、ひとつの処理を繰り返し行いたいケースが出てきます。ここでは、一番初歩のループ処理（繰り返し処理）である**for文**を見ていきます。

　では、ループ処理とは何かを見ていきます。たとえば、1から10までを表示するプログラムとして、まず考えるのは以下のようなものです。

```
<?php
echo "12345678910";
```

　これで1から10までは表示できます。では、1から100まで表示する場合はどうでしょうか？

```
<?php
echo "12345678910111221314...略...100";
```

　これでなんとか表示できますね。では数字をひとつ表示するたびに、改行を入れてみましょう。

```
<?php
echo "1<br>2<br>3<br>...略...100<br>";
```

　こうなると、エディタで手入力するのは苦しくなってきます。このような場合は次の3つの処理を数字が100になるまで繰り返せばプログラムを書くのが楽になります 図1 。

　こうすれば、プログラムがわかりやすくなり、入力間違いなども起こりにくくなります。これがループ処理の基本的な考え方です。

図1 ループ処理

for文を使う

　一番基本的なループとしてfor文を見てみましょう。図2 のような構造になります。

図2 for文の書き方

```
for（初期化式；条件式；更新式）｛
    処理
｝
```

初期化式	最初のループ開始時に実行される
条件式	繰り返し処理の開始ごとに評価される。false で終了
更新式	各繰り返し処理の後に変数を更新する

　では、実際に先ほどの1から100までを
付きで表示するfor文を見てましょう 図3 。これをブラウザで実行すると、図4 のようになります。

図3 for1.php

```php
<?php
for ($i = 1; $i <= 100; $i++) {
    echo $i . "<br>";
}
```

図4 実行結果

```
1       ⋮
2       ⋮
3       ⋮
4       94
5       95
6       96
7       97
⋮       98
⋮       99
⋮       100
⋮
```

　では、for文の式を見てみましょう。初期化式はループ処理全体を開始する際に実行される式です。ここでは「$i = 1;」としているので、最初に変数$iに1を代入しています。

次の条件式は**ループの終了条件**の判定です。ここでは「$i <= 100;」で、$iが100以下、つまり$iが100になるまで繰り返すという意味です。

更新式は、処理を繰り返すたびに終了条件判定用の変数を更新するもので、ここでは「$i++」としています。「++」は**インクリメント演算子**と呼ばれるもので、$iに1を足します（詳しくは後述します）。

まとめると、$iを1からはじめ、処理を繰り返すたびに$iに1を足していき、$iが100に達したらその処理の繰り返しを終了する、という意味です。

実際に繰り返すループ処理では、$iと
をつないで出力する1行を書くだけです。格段に入力が楽で、数字を
付きで表示するプログラムであることが明確にわかります。ループ処理はこのように同じ処理を繰り返す場合に利用します。

ループ処理の違い

ループ処理にはほかにも**foreach文**（P61）や**while文**（P103）があります。一般にfor文は回数の決まったループ処理、while文は回数が決まっていないループ処理、foreach文は配列へのループ処理に使われます。ここでは、初歩的なfor文を通じて基本的なループ処理の考え方を覚えておきましょう。

インクリメントとデクリメント

先ほど**「$i++」**という書き方が出てきましたが、これは**インクリメント**と呼ばれる式で、1を足すカウントアップの働きをもちます。同様に**「$i--」**は**デクリメント**と呼ばれる式で、$iから1を引くカウントダウンの働きをもちます。ループ処理でよく使われる書き方なので覚えておきましょう 図5。

図5 **インクリメント演算子とデクリメント演算子**

書き方	意味
$i++	$iを返したあとに、$iに1を足す
++$i	$iに1を足したあとに、$iを返す
$i--	$iを返したあとに、$iから1を引く
--$i	$iから1を引いたあとに、$iを返す

「++」や「--」を前に付けるか後ろに付けるかで、処理の順番が変わりますが、for文で使うぶんには気にする必要はありません。たとえば、 図6 のように使う場合は挙動が変わります。

図6 increment.php

```php
<?php
$a = 5;
echo "5となります：" . $a++ . "<br>";
echo '現在の$aは' . $a . "です。<br>";

$b = 5;
echo "6となります：" . ++$b . "<br>";
echo '現在の$bは' . $b . "です。<br>";
```

　この場合、$a++は$aを返したあとに1を足すので、最初に表示される$aの値は「5」です。表示後に1が足されているので、次に表示されるときには「6」になります。
　++$bの場合は、1を足したあとに$bを返すので、どちらの表示も「6」です 図7 。
　for文の更新式では加算しか行っていないので挙動の違いはありませんが、このように加算や減算と表示などを同時に行うと違いが出てくる点に注意しましょう。

図7 実行結果

5となります: 5
現在の$aは6です。
6となります: 6
現在の$bは6です。

Lesson 2-07 配列とループ処理

> **THEME** ループ処理は、配列の処理によく使われます。ここではまず、配列について学び、そのうえで配列のループ処理に便利なforeach文を見ていきましょう。

配列とは？

前セクションではforでループ処理の基本を見てみました。ループ処理は**配列**を扱う際によく出てきます。まずは配列がどのようなものかを見ていきましょう。

これまでの変数は、1つの値を保存していました。**配列では、複数のデータを保存**することができます。たとえば、名簿のデータを扱う場合に、複数の人の名前を1つの配列で管理することができます 図1。

図1 「1つの値の変数」と「配列」の違い

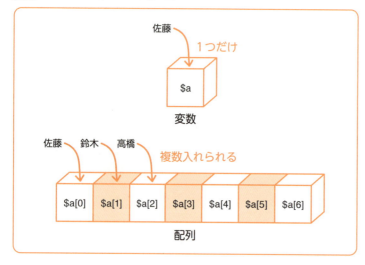

配列の書き方

PHPでは、配列は [ ] を使って記述します。**array()** を使った書き方もあり、既存のプログラムなどで出てくることもありますが、近年では [ ] を使った書き方が推奨されています。

図2 配列の2つの書き方

```
[ キー1 => 値1, キー2 => 値2, キー3 => 値3...]
```

```
array( キー1 => 値1, キー2 => 値2, キー3 => 値3...)
```

本書では基本的に [ ] を使って配列を記述します。配列に保存する複数のデータは、それぞれ**「キー」**と**「値」**のセットで保存します。先の名簿の例をイメージしてみましょう。キーは出席番号で値が名前のようなイメージです**図3**。

図3 array1.php

```php
<?php
$name = [
    0 => '佐藤',
    1 => '鈴木',
    2 => '高橋'
];
var_dump($name);
```

このコードを実行すると、**図4** のような形で名前のリストを格納することができます。

ブラウザから確認するときはソースの表示を行うと改行された状態で確認できます。

図4 array1.phpの表示例（ソース表示）

```
array(3) {
  [0]=>
  string(6) "佐藤"
  [1]=>
  string(6) "鈴木"
  [2]=>
  string(6) "高橋"
}
```

> **memo**
> <?php〜?>の外側を<pre></pre>でくくっても同様に改行された状態で見られます。

「array」はデータが配列型であることを表します。配列に保存されている1つひとつのデータを**「要素」**といいますが、arrayの後の( )の中は要素の数を示しています。[ ]にキー、さらに =>の記号に続いて値が表示されます 図5。

図5 要素と値

```
array(3) {
    [0] =>
    string(6) "佐藤" ───── 要素
    [1] =>
    string(6) "鈴木" ───── 要素
    [2] =>
    string(6) "高橋" ───── 要素
    }
キー              値
```

なお、キーには数字だけでなく、文字列も設定可能です 図6。このコードを実行すると、図7 のような形で名前のリストを格納することができます。

図6 array2.php

```php
<?php
$name = [
    'sato' => '佐藤',
    'suzuki' => '鈴木',
    'takahashi' => '高橋'
];
var_dump($name);
```

図7 array2.phpの実行結果(ソース表示)

```
array(3) {
  ["sato"]=>
  string(6) "佐藤"
  ["suzuki"]=>
  string(6) "鈴木"
  ["takahashi"]=>
  string(6) "高橋"
}
```

memo

ほかのプログラミング言語を学んだ経験のある方は、配列と連想配列の違いが気になるかもしれません。PHPの場合、通常の配列(キーが0からの整数で始まる配列)と連想配列(キーが文字列の配列)はひとつの言語機能に統合されています。

配列から値を取り出す

　先ほどは var_dump を利用して配列の中身をすべて確認しました。ですが、通常のプログラムでは、各要素が個別に扱えなければなりません。配列の各要素は、変数にキーを指定してアクセスできます 図8 。

　これを実行すると「高橋」と返ってきます 図9 。echo の行の 'takahashi' の部分を 'sato' や 'suzuki' に変えると、実行結果も変わります。

図8 array3.php

```php
<?php
$name = [
    'sato' => '佐藤',
    'suzuki' => '鈴木',
    'takahashi' => '高橋'
];
echo $name['takahashi'];
```

図9 array3.phpの表示

高橋

foreachで配列を処理する

　キーを指定して値を表示する場合は、数が少なければ1件ずつ表示するコードを書けばよいですが、要素数が多い場合は処理を表示するコードを何度も書くのは大変です。そのような時にもループ処理が使えます。

　配列のループ処理には for 文と [] を使うよりも、**foreach** 文を使う方が適しています。foreach は () 内に渡した配列に対し、その配列の要素がなくなるまで繰り返し処理を行います。

　foreach は 図10 のように書きます。

図10 foreachの書き方

```
foreach( 配列 as 利用する変数名 ) {
    処理
}
```

処理の中で()内に指定した変数を利用することで、1要素ずつ順番に処理を行えます。先ほどの名前の配列を表示してみましょう 図11 。

ブラウザでの表示は 図12 となります。

図11 foreach.php

```php
<?php
$name = [
    0 => '佐藤',
    1 => '鈴木',
    2 => '高橋'
];

foreach($name as $value) {
    echo $value;
}
```

図12 foreach.phpの表示

佐藤鈴木高橋

$value に配列の1要素ずつ値が代入されます。順にechoで表示しているので、配列に登録されている名前がすべて表示されています。

ブラウザから実行すると1行で表示されてしまっているので、説明と改行も追加してみましょう 図13 。ブラウザでの表示は 図14 となります。

図13 foreach2.php

```php
<?php
$name = [
    0 => '佐藤',
    1 => '鈴木',
    2 => '高橋'
];

foreach($name as $value) {
    echo '名前は' . $value . '<br>';
}
```

図14 foreach2.phpの表示

> 名前は佐藤
> 名前は鈴木
> 名前は高橋

　改行され、「名前は」の文字列に続けて名前が表示されるようになりました。foreachでのループ処理ではキーを扱うこともできます。その場合は 図15 のように書きます。

図15 キーを扱う場合の書き方

```
foreach( 配列 as キー変数名 => 値変数名 ) {
    処理
}
```

　では、具体的にプログラムで見てみましょう 図16 。こちらを実行した際の表示結果は 図17 となります。キーを処理に利用する場合も多くありますので、こちらの記述の仕方も覚えておきましょう。

図16 foreach3.php

```php
<?php
$name = [
    0 => '佐藤',
    1 => '鈴木',
    2 => '高橋'
];

foreach($name as $key => $value) {
    echo 'キーは' . $key . '、名前は' . $value . '<br>';
}
```

図17 foreach3.phpの表示

> キーは0、名前は佐藤
> キーは1、名前は鈴木
> キーは2、名前は高橋

変数[]で指定する書き方

変数名に続けて[キー]として値を代入すると配列変数に値を格納することができます。

では、プログラムの例で見てみましょう 図18。実行結果は 図19 となります。なお、この例は 図17 とまったく同じ表示となります。

図18 array4.php

```php
<?php
$people[0] = '佐藤';
$people[1] = '鈴木';
$people[2] = '高橋';

foreach($people as $key => $value) {
    echo 'キーは' . $key . '、名前は' . $value . '<br>';
}
```

図19 array4.phpの実行結果

```
キーは0、名前は佐藤
キーは1、名前は鈴木
キーは2、名前は高橋
```

キーのない配列

キーを省略することもできます。この配列も見てみましょう 図20 図21。

図20 array5.php

```php
<?php
$a = ['A','B','C'];
var_dump($a);
```

図21 array5.phpの実行結果（ソース表示）

```
array(3) {
  [0]=>
  string(1) "A"
  [1]=>
  string(1) "B"
  [2]=>
  string(1) "C"
}
```

　キーを省略した場合、整数の0から自動的にキーが生成されます。変数[ ]の形で書いても同様です **図22** **図23**。

図22 array6.php

```php
<?php
$b[] = 'D';
$b[] = 'E';
$b[] = 'F';
var_dump($b);
```

図23 array6.phpの実行結果（ソース表示）

```
array(3) {
  [0]=>
  string(1) "D"
  [1]=>
  string(1) "E"
  [2]=>
  string(1) "F"
}
```

　キーを省略しても配列が作成されました。配列から値を呼び出す際に、たんに保存した順序で指定できればよく、キーに意味をもたせる必要がない場合は省略することができます。

ただし、ひとつ注意する点があります。キーを省略した場合、自動で割り振られる**キーは0から始まります**図24。

図24 割り振られるキー

つまり、最初の要素（1番目の要素）を呼び出す際は$a[0]、2番目の要素を呼び出す際は$a[1]……と日常の数え方とずれる点に気をつけましょう図25 図26。

図25 array7.php

```
<?php
$a = ['A', 'B', 'C'];

echo '1番目の要素は' . $a[0] . 'です' . '<br>';
echo '2番目の要素は' . $a[1] . 'です' . '<br>';
echo '3番目の要素は' . $a[2] . 'です' . '<br>';
```

図26 array7.phpの実行結果

```
1番目の要素はAです
2番目の要素はBです
3番目の要素はCです
```

配列の書き方のまとめ

多くの種類の書き方が出てきたので、最後にまとめておきましょう。

キーのない配列の書き方

キーのない配列には次のような書き方があります 図27 〜 図29 。
これらはそれぞれ同じ配列になります。

図27 [ ]を使った配列の書き方①

```
$a = ['A', 'B', 'C'];
```

図28 [ ]を使った配列の書き方②

```
$a[] = 'A';
$a[] = 'B';
$a[] = 'C';
```

図29 array( )を使った配列の書き方

```
$a = array('A', 'B', 'C');
```

キーのある配列の書き方

キーのある配列の場合は、 図30 〜 図31 のような書き方があり
ます。これらもそれぞれ同じ配列になります。

図30 [ ]を使った配列の書き方①

```
$name = [
    'sato' => '佐藤',
    'suzuki' => '鈴木',
    'takahashi' => '高橋'
];
```

図31 [ ]を使った配列の書き方②

```
$name['sato'] = '佐藤';
$name['suzuki'] = '鈴木';
$name['takahashi'] = '高橋';
```

図32 array( )を使った配列の書き方

```
$name = array(
    'sato' => '佐藤',
    'suzuki' => '鈴木',
    'takahashi' => '高橋'
);
```

近年では[ ]を使った配列の書き方が推奨されていますが、過
去のプログラムのなかには array() を使った書き方も出てくるの
で、この書き方も知っておくとよいでしょう。

2次元配列を扱う

Lesson 2 · 08

THEME テーマ　2次元配列とはネスト（入れ子）構造になった配列です。配列の各要素が配列になっている状態で、「配列の配列」ともいえます。

2次元配列を作成する

配列の要素に配列を保存することができます。このような構造を**ネスト（入れ子）**といい、このような配列を**2次元配列**といいます。表計算ソフトのような縦横の表をイメージするとよいでしょう 図1。

図1　2次元配列のイメージ

キー	名前	血液型	住所	備考
0	佐藤	A	東京都	赤
1	田中	B	大阪府	青
2	加藤	O	北海道	黄

（配列　→　配列）

では、2次元配列を作成してみましょう。特に新しい命令などはなく、これまでの知識の応用で作成できます 図2。

図2　nest_array1.php

```
<?php
$people[] = ['name' => '佐藤' , 'blood' => 'A'];
$people[] = ['name' => '田中' , 'blood' => 'B'];
$people[] = ['name' => '加藤' , 'blood' => 'O'];

var_dump($people);
```

$people[ ]はキーを省略した形での配列の作成です。各要素には[ ]でさらに配列を作成しています。この処理は、$peopleにキーがname、bloodの2つの要素をもつ配列を追加していくという処理になります 図3 。

図3 $people[ ]の処理

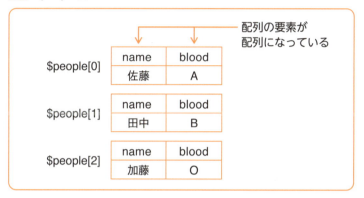

　では、このプログラムを実行してみましょう 図4 。var_dump()はネストした配列も表示してくれるので、配列の中身を確認するのに便利です。

図4 nest_array1.phpの実行結果（ソース表示）

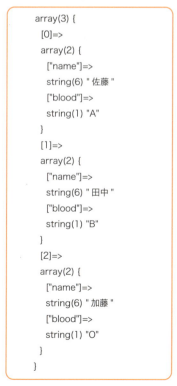

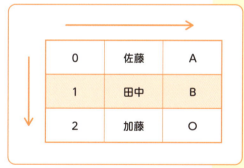

最初にarray(3)と3つの要素をもつ配列を示し、その各要素が array(2)と2つの要素をもつ配列になっていることがわかります。

　通常の配列では、$people['name']などと書くと値を取り出せます。**2次元配列の場合は、図5のようにキーを2つ書きます。**ではサンプルを見てみましょう 図6。

図5　二次元配列の値の取り出し

```
$ 変数名 [ 1 次元めの配列のキー ] [ 2 次元めの配列のキー ]
```

図6　nest_array2.php

```php
<?php
$people[] = ['name' => '佐藤' , 'blood' => 'A'];
$people[] = ['name' => '田中' , 'blood' => 'B'];
$people[] = ['name' => '加藤' , 'blood' => 'O'];

echo $people[0]['blood'] . '<br>';
echo $people[2]['name'];
```

　実行すると、1行目では$people[0]に保存されている配列のキー 'blood' の値、2行目では$people[2]に保存されている配列のキー 'name' の値が表示されます 図7。

図7　nest_array2.phpの実行結果

```
A
加藤
```

2次元配列をforeachで走査する

　では、この2次元配列をforeachで利用してみましょう。 foreachは配列の要素がなくなるまでループ処理を実行します。 まず、P62と同様に、通常の配列と同じ形式でforeach文を書いて、 キーと値の表示を試みてみます 図8。

　実行すると、図9のように表示されます。

70　Lesson2-08　2次元配列を扱う

図8 nest_array3.php

```php
<?php
$people[] = ['name' => '佐藤' , 'blood' => 'A'];
$people[] = ['name' => '田中' , 'blood' => 'B'];
$people[] = ['name' => '加藤' , 'blood' => 'O'];

foreach($people as $key => $value) {
    echo 'キーは' . $key . '、値は' . $value . '<br>';
}
```

図9 nest_array3.phpの実行結果

Warning: Array to string conversion in …**中略**…**nest_array3.php** on line **6**
キーは0、値はArray

Warning: Array to string conversion in …**中略**…**nest_array3.php** on line **6**
キーは1、値はArray

Warning: Array to string conversion in …**中略**…**nest_array3.php** on line **6**
キーは2、値はArray

　名前や血液型は表示されず、「値はArray」となり、Warningも出ました。これは、「配列を文字列に変換しようとしている」というエラーです。なぜそうなるかを理解するために、まず、1人分のデータをもとに考えてみましょう。**図10**のように書いてみます。こちらを実行すると**図11**のように表示されます。

図10 nest_array4.php

```php
<?php
$people = ['name' => '佐藤' , 'blood' => 'A'];

foreach($people as $key => $value) {
    echo 'キーは' . $key . '、値は' . $value . '<br>';
}
```

図11 nest_array4.phpの実行結果

キーはname、値は佐藤
キーはblood、値はA

---

memo

エラーメッセージが出ない場合は、php.ini（PHPの設定ファイル）のdisplay_errorがOFFになっています。P16を参考にdisplay_errorをONにするか、プログラムの1行目に「ini_set('display_errors', "On");」と書くと、エラーを表示できます。

ここでの $people は 2 次元配列ではなく、通常の配列です。この場合は foreach が目的通りの結果を示しています。つまり、foreach は () 内で指定された配列を 図12 のように走査しています。

図12 foreachによる配列の走査

ですが、2 次元配列の場合、foreach のループ処理は内側の配列は走査しません。そのため、「値は Array（配列）」とだけ表示されていました 図13 。

図13 2次元配列の場合

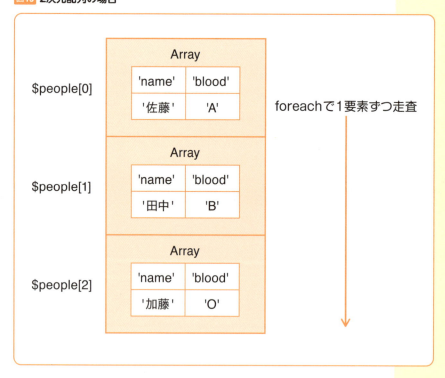

図の中での横方向への配列の走査を行うためには、foreachの中でもう一度foreachを実行する必要があります 図14 。

図14 2次元配列をforeachで走査する場合

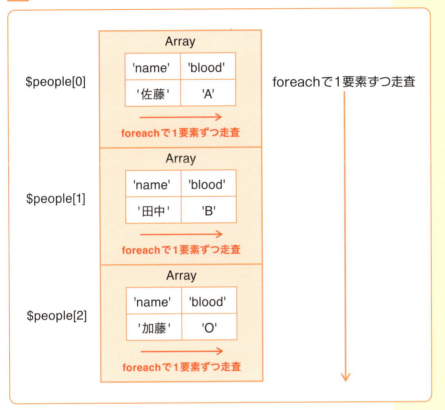

では、実際にプログラムで書いてみましょう 図15 。

図15 nest_array5.php

```
<?php
$people[] = ['name' => '佐藤' , 'blood' => 'A'];
$people[] = ['name' => '田中' , 'blood' => 'B'];
$people[] = ['name' => '加藤' , 'blood' => 'O'];

foreach($people as $people_key => $person) {
    echo '順番は' . $people_key . '<br>';
    foreach($person as $person_key => $value) {
        echo 'キーは' . $person_key . '、値は' . $value . '<br>';
    }
}
```

foreachのループ処理の中にforeachを入れる形になっています。外側のforeachではいままで$valueとして扱っていたところを $person としました。この $person には [〜] で定義した 'name' と 'blood' をキーにしている配列が保存されます。

内側のループはこれまでのサンプルと同じです。$personという配列についてループ処理を行います。実行結果は次のようになります 図16 。

memo
foreachでつける変数名は処理にそった名前にするとわかりやすいでしょう。$row（一行）という表現もよく使われます。

図16 nest_array5.phpの実行結果

```
順番は0
キーはname、値は佐藤
キーはblood、値はA
順番は1
キーはname、値は田中
キーはblood、値はB
順番は2
キーはname、値は加藤
キーはblood、値はO
```

なお、2次元配列だからといって絶対にforeachを入れ子にしなければ値を取り出せないわけではありません。P70で述べたように「$変数名 [ ][ ]」の形で取り出すこともできますし、あらかじめキーを指定しておけば、図17 のようにシンプルに取り出すこともできます。表示結果は 図18 になります。

74　**Lesson2-08**　2次元配列を扱う

図17 nest_array6.php

```php
<?php
$people[] = ['name' => '佐藤' , 'blood' => 'A'];
$people[] = ['name' => '田中' , 'blood' => 'B'];
$people[] = ['name' => '加藤' , 'blood' => 'O'];

foreach($people as $key => $person) {
    echo '名前は' . $person['name'] . '<br>';
}
```

図18 nest_array6.phpの実行結果

名前は佐藤
名前は田中
名前は加藤

　foreach文はPHPで非常に多く使われます。オブジェクトと呼ばれる型の変数も繰り返し処理できます。データベースなどの表示でも利用されますので、ここで出てきたプログラムの配列の要素を増やしてみたり、ループを変更してみたりして、foreach文の使い方をマスターしましょう。

PHPとHTMLを共存させる

THEME テーマ　PHPはWebとの相性が高く、HTMLに埋め込む形で記述することができる言語です。ここでは、HTMLとPHPを共存させる方法を見てみます。

PHPをHTMLに埋め込む

　PHPはHTMLとの親和性が高い言語です。最近はフレームワークを利用したり、テンプレートエンジンを利用することも多いですが、HTMLと一緒に記述するケースもよくあります。そのような時に、HTMLに埋め込む形でPHPを記述してくことができます。の例を見てみましょう。

図1 html_php1.php

```
<html>
<body>
<p>
<?php
    echo "こんにちは";
?>
</p>
</body>
</html>
```

　ブラウザで読み込むと「こんにちは」と表示されます。また、ソースを表示すると 図2 のようになります。

図2 html_php1.phpのソース

```
<html>
<body>
<p>
こんにちは </p>
</body>
</html>
```

HTMLの部分はHTMLのままで、<?php ～ ?>のPHPの部分は
PHPの実行結果が表示されていることがわかります。このように
<?php ～ ?>の部分だけにPHPコードを埋め込むことができます。
　PHPとHTMLを共存させる方法には、もう一つあります。それは、
PHPのプログラムのコード内で、HTMLコードをechoする方法で
す 図3 。

図3　html_php2.php

```
<?php
echo "<html>" . PHP_EOL;
echo "<body>" . PHP_EOL;
echo "<p>" . PHP_EOL;
echo "こんにちは ";
echo "</p>". PHP_EOL;
echo "</body>" . PHP_EOL;
echo "</html>" . PHP_EOL;
```

　このコードをブラウザで見ると、ソースは 図4 のように 図2 と
同じものが表示されます。

図4　html_php2.phpのソース

```
<html>
<body>
<p>
こんにちは </p>
</body>
</html>
```

　この場合、全体がPHPのプログラムとして処理されています。
この書き方をする場合、**PHP_EOLを出力しておくとソース上で
改行されます。**PHP_EOLを出力しないと横に1行で出力されてし
まいます。

制御構文を書くときの便利な書き方

　HTMLと混在させる場合に制御構文を書く便利な方法がありま
す。まず、普通の書き方を見てみましょう 図5 。実行結果は 図6
のようになります（次ページ）。

---

memo

PHP_EOLはPHPで定義済みの定数で、その環境における改行コードを表します。改行コードはWindowsとMac・Linux系で違いがあります。WindowsはCR+LFで「\r\n」または「¥r¥n」（エディタの表示フォントによって異なり、Visual Studio Codeでは「\r\n」と表示されます）、Mac・LinuxではLFで「\n」と書きます。「\」（バックスラッシュ）は、Windowsでは「¥」キー、Macではoption+「¥」キーで入力します。これらを使う場合は、たとえば「echo "<p>\r\n";」などと記述しますが、MacやLinuxでは\rが不要です。PHP_EOLで改行コードを出力すれば、実行OSに合わせて適切な改行コードを出力してくれます。Webブラウザとサーバを利用している場合は、PHP_EOLの恩恵をあまり得られませんが、手元で動くコマンドをPHPで作るときには有用です。

図5 html_php3.php

```
<html>
<body>
<?php
if($count === 0 ) {
    echo "<p> はじめまして </p>" . PHP_EOL;
} else {
    echo "<p> いつもありがとうございます </p>" . PHP_EOL;
}
?>
</body>
</html>
```

> **memo**
>
> このプログラムは変数$countに訪問回数等が保存されていることが前提になっているコードです。これだけだと変数が未定義であるWarningが出力されるので注意してください。

図6 実行結果のソース（$countが0以外の場合）

```
<html>
<body>
<p> いつもありがとうございます </p>
</body>
</html>
```

このプログラムは **図7** のように書くこともできます。

図7 html_php4.php

```
<html>
<body>
<?php if ($count === 0): ?>
<p> はじめまして </p>
<?php else: ?>
<p> いつもありがとうございます </p>
<?php endif; ?>
</body>
</html>
```

　すっきりして見えますね。これは、とくにHTMLと混在させるときによく使われるif文の別の書き方 **図8** で、WordPressやフレームワークのテンプレートなどではこの書き方で記述されていることもあるので覚えておきましょう。なお、foreachでもこの書き方が可能です **図9** 。

78　**Lesson2-09**　PHPとHTMLを共存させる

図8 if文のもうひとつの書き方

```
if( 条件 ):
     条件にあてはまる場合の処理
else:
     条件に当てはまらない場合の処理
endif;
```

図9 foreachのもうひとつの書き方

```
foreach($ 配列名 as $ 変数名 ):
     配列に対する処理
endforeach;
```

たとえば、foreachの処理は 図10 のように書くことができます。実行結果は 図11 となります。

図10 html_php5.php

```php
<?php
$name = [
     '1' => '佐藤 ',
     '2' => '鈴木 ',
     '3' => '高橋 '
];

foreach($name as $key => $value) :?>
<p><?php echo $key; ?> 人目は <?php echo $value; ?> さんです </p>
<?php endforeach; ?>
```

図11 html_php5.phpのソース

```
<p>1 人目は佐藤さんです </p>
<p>2 人目は鈴木さんです </p>
<p>3 人目は高橋さんです </p>
```

ほかにもfor➡や後述するwhile➡でこの書き方ができます。各制御構文で、開き波括弧（{）をコロン（:）に、閉じ波括弧（}）をend○○と変更するのが 基本的な書き方です。PHPプログラムを書くシーンによって使い分けましょう。

➡ 55ページ **Lesson2-06**参照。

➡ 103ページ **Lesson3-02**参照。

includeとrequireで別ファイルを読み込む

Lesson 2
10

THEME テーマ　PHPでは、複数のファイルを組み合わせることができます。ファイルを分けて組み合わせることで、再利用するコードを管理しやすくなります。

includeとrequireとは

　前セクションでは、配列を定義する同じコードを、そのつどファイルに書いていました。しかし、同じ処理を何度も個別のファイルに書き込むのは面倒です。また、同じ内容があちこちに存在すると、なんらかの変更があったときに修正漏れが発生するかもしれません。

　そのような場合、1つのファイルに共通するコードを書いておき、個別のファイルからそのファイルを読み込んでプログラムを効率的に作成する方法がPHPにはあります。それが **include** や **require** という命令です 図1。書き方は 図2 のようになります。

memo
PHPのマニュアルにはinclude、require、include_once、require_onceそれぞれのページがありますが、includeに詳細な解説があるので、まずはincludeに目を通しましょう。

https://www.php.net/manual/ja/function.include.php

図1 includeで別ファイルから読み込む

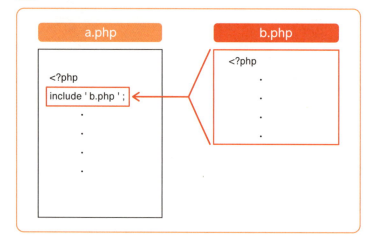

図2 includeの書き方

```
include 'ファイル名';
```

requireも書き方は同じです。includeとrequireには、それぞれ似た命令であるinclude_once、require_onceもあります。どのような違いがあるかについては図3の表をご覧ください。

図3 includeとrequireの意味の違い

命令	意味
include	指定されたファイルが読み込めない場合でも処理継続（Warning）
require	指定されたファイルが読み込めない場合は処理中止（Fatal Error）
include_once	すでに同じファイルが読み込まれている場合は include を実行しない
require_once	すでに同じファイルが読み込まれている場合は require を実行しない

読み込まれる側のファイルの書き方

では P68 の配列を別のファイルに記述して読み込んでみましょう 図4 。

図4 data.php

```php
<?php
$people[] = ['name' => '佐藤' , 'blood' => 'A'];
$people[] = ['name' => '田中' , 'blood' => 'B'];
$people[] = ['name' => '加藤' , 'blood' => 'O'];
```

この部分だけを記述したファイルにします。読み込むファイルは PHP になるので、<?php からはじまります。

また読み込まれるファイルでは、終了タグの「?>」は省略したほうがよいです。実は <?php に対応する最後の ?> がなくても文法エラーにはならないので、安心してください。

> **memo**
> 「?>」を省略したほうがよいとされる理由については、PHPのマニュアルの下記の「命令の分離」のページをご覧ください。
>
> https://www.php.net/manual/ja/language.basic-syntax.instruction-separation.php

呼び出す側のファイルの書き方

次に data.php を読み込む側のファイルの書き方をみていきます。

ここではデータを利用するプログラムにするため、データが読み込めない場合は処理を中止したいので、require のほうが適切です。ここでは1回読み込むだけなので、require、require_once どちらを使ってもかまいません 図5 。

図5 view.php

```php
<?php
require_once 'data.php';
var_dump($people);
```

data.phpと同じディレクトリに保存します。ブラウザでこの「view.php」を実行すると、 **図6** のように表示されます。

図6 view.phpの実行結果（ソース表示）

```
array(3) {
  [0]=>
  array(2) {
    ["name"]=>
    string(6) " 佐藤 "
    ["blood"]=>
    string(1) "A"
  }
  [1]=>
  array(2) {
    ["name"]=>
    string(6) " 田中 "
    ["blood"]=>
    string(1) "B"
  }
  [2]=>
  array(2) {
    ["name"]=>
    string(6) " 加藤 "
    ["blood"]=>
    string(1) "O"
  }
}
```

では別のサンプルも作成してみましょう 図7 。ブラウザで実行すると、 図8 のソースコードが表示されます。

図7 view2.php

```php
<?php
require_once 'data.php';
foreach($people as $key => $person) {
    echo '名前は' . $person['name'] . '<br>';
}
```

図8 view2.phpの実行結果

名前は佐藤
名前は田中
名前は加藤

ブラウザで実行しているのは「view.php」や「view2.php」ですが、それらのファイルに書かれていない配列がきちんと読み込まれていることがわかります。

ここでは配列を共有ファイルで定義しましたが、関数●なども共有ファイル化することで、プログラムを書く効率が向上します。

116ページ **Lesson3-04**参照。

Lesson 2-11 関数を使う

THEME テーマ 関数は、よく使う処理を名前で呼び出す仕組みです。PHPに用意された関数のほかに、自分で関数を作成することもできます。

関数とは

　PHPに限らず、多くのプログラミング言語には**関数**という仕組みがあります。あらかじめ決められた処理を関数名で呼び出せる仕組みで、関数を利用すれば、同じようなコードを何度も書かずに済みます。

　たとえばExcelで複数のセルの合計値を計算する際、「=SUM(A1:A5)」といった書き方をしたことがあるでしょう。「複数のセルの合計値を算出する」という機能を持つSUM関数を利用することで、いちいち複数のセルを足し算していく手間を省くことができます 図1。

図1 Excelの関数

A1からA5までの合計を=SUM関数で自動計算

　関数は、PHPにあらかじめ用意されている関数を利用するだけでなく、**自分でも作成できます**。プログラムで繰り返し使いそうな処理は関数化しておくと、各所で使い回せて便利です。

PHPで用意されている関数

本書でもこれまでに関数が出てきました。var_dump()⊕です。var_dump()は()内に指定した変数の中身を表示するという処理をもった関数です。

このように、関数では、関数名に続く()内に処理の対象となるデータ等を指定します。これを**パラメータ**、または**引数**といいます。関数の書き方は 図2 の通りです。

> ⊕ 33ページ **Lesson2-01**参照。

図2 関数の書き方

```
関数名 ( パラメータ )
```

var_dump()の場合は、図3 のように使用していました。実行結果は 図4 のようになります。

図3 function1.php

```php
<?php
$a = "こんにちは";
var_dump($a);
```

図4 function1.phpの実行結果

```
string(15) "こんにちは"
```

このように、var_dump()のパラメータに変数$aを指定することで、$aの内容を表示しています。

> **memo**
> P15で紹介したphpinfo()も、インストールされているPHPの情報をHTML形式で出力する関数です。P15ではパラメータを指定していませんが、パラメータを省略した場合はすべての情報が表示される仕組みになっています。詳しくはPHPのマニュアルをご覧ください。
>
> https://www.php.net/manual/ja/function.phpinfo.php

返り値のある関数

もうひとつ関数の例を見てみましょう。var_dump()は変数の内容を表示する関数でしたが、関数にはなんらかの処理を行い、その結果を値で返す種類のものもあります。このような関数が返す値を**返り値**、または**戻り値**といいます 図5 。

図5 関数の返り値

返り値のある関数の一例として、**strlen()** という関数があります。この関数はパラメータに渡した文字列の長さを整数で返します 図6 。

図6 strlen()関数

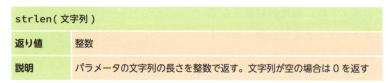

strlen(文字列)	
返り値	整数
説明	パラメータの文字列の長さを整数で返す。文字列が空の場合は 0 を返す

では、strlen()を使用してみましょう 図7 。なお実行結果は「7」と表示されます 図8 。

図7 function2.php

```
<?php
$a = "abcdefg";         ①
$b = strlen($a);        ②
echo $b;                ③
```

図8 function2.phpの実行結果

7

このプログラムでは、①で文字列'abcdefg'を変数$aに代入し、②でstrlen()関数にパラメータとして$aを与えて文字列の長さを求め、その結果の返り値を $b に格納しています。③で$bの内容を出力しています。strlen()関数は var_dump()のように結果を出力する働きはもたないため、このような書き方になります。たとえば、 図9 のように書いた場合は何も表示されません。ほとんどの関数は値を返すタイプの関数なので、注意しましょう。

図9 function3.php

```
<?php
$a = "abcdefg";
strlen($a);
```

関数を作る

ここまで紹介した関数は PHP にあらかじめ定義されている関数でしたが、関数は自分で作ることもできます。ここでは、パラメータに定価を指定し、消費税込価格を計算して表示する tax()関数を作成してみましょう。

関数の定義

関数を作る場合は 図10 のように定義します。

図10 関数の定義

```
function 関数名 ( パラメータ名 ) {
    処理
}
```

functionは、その後に続く関数名で関数をつくるという命令です。関数名は1文字めをアルファベットかアンダーバー（_）にする必要があります。その後は数字などが入ってもかまいません。

> memo
> アンダーバーで始まる関数にはすでに定義済みのものなどもあるので、1文字めはアルファベットで作成するのがおすすめです。

関数taxを実際に定義する

さて消費税計算なので関数名はtaxとして作成してみましょう。消費税は令和6年時点で10%ですから、定価に1.1を掛け算すると税込価格が計算できます 図11 。

図11 tax1.php

```php
<?php
function tax($price) {        ——①
    echo $price * 1.1;        ——②
}
```

①ではfunctionに続けて関数名taxを指定しています。()の中にパラメータ名として変数の$priceを定義しています。{}でくくられた②の部分に処理を書きます。この処理の中でパラメータ名の変数を用いることで、処理にパラメータを利用できます 図12 。

図12 tax関数の仕組み

PHPスクリプトは上から順に処理を行っていきますが、function文は定義しているだけなので、関数の実行自体はされません。このPHPファイルをブラウザで読み込んでも、なにも表示されない点を確認しておきましょう。

関数taxを実行する

関数を実行するには、本セクションの冒頭で解説したように、関数名にパラメータを付けて呼び出します。関数の定義に続けて書いてみましょう **図13**。

図13 tax2.php

```php
<?php
function tax($price) {
    echo $price * 1.1;
}
tax(100);
```

最終行でtax()関数を実行しています。この場合はパラメータに100を指定しているため、関数内の$priceに100が代入されます。「echo 100 * 1.1」が実行され、今度はブラウザに110が出力されます。

なお、関数のパラメータには変数を指定することもできます。その場合は **図14** のようになります。この場合も実行結果は110となります。

図14 tax3.php

```php
<?php
function tax($price) {
    echo $price * 1.1;
}

$a = 100;
tax($a);
```

返り値のある関数を定義する

このままでは、計算結果を利用して別の計算をすることもできません。そこでtaxを返り値のある関数として定義します。返り値がある場合は処理のあとに **return文** を書きます **図15**。

図15 返り値のある関数の定義

```
function 関数名 ( パラメータ名 ) {
    処理
    return 返り値 ;
}
```

returnのあとに書いた値が関数の返り値になります。関数でそのまま表示する場合と違い、返り値にすると値自体を取得できる

ので、プログラムの中で表示の仕方を変えたり、処理を変えたり
することができます。では、tax()関数を返り値で計算結果を返す
ように書き換えてみましょう 図16 。

図16 tax4.php

```php
<?php
function tax($price) {
    return $price * 1.1;
}

$sample_price = tax(100);
echo '消費税込みの値段:' . $sample_price . '円';
```

　関数内の処理からechoが消え、代わりにreturn文が追加され
ました。関数を呼び出す際に「$sample_price = tax(100);」とする
ことで、tax(100)の返り値が$sample_priceに代入されます。そ
の後、$sample_priceを文字列と連結してechoしています 図17 。

図17 tax4.phpの実行結果

消費税込みの値段：110 円

　たとえば、「消費税込みの値段は○○円です。」といった形式に表
示結果を変えたい場合も、呼び出し後のecho文を変えるだけで
よく、関数の処理を変える必要はありません。関数はなるべく汎
用性が高い形で書いたほうが望ましいので、関数を作成する場合
はどこまで関数で処理するかを考えましょう。

関数がエラーになる場合

　このtax()関数の引数に文字列を指定するとどうなるでしょう
か。tax('文字列')で実行してみましょう 図18 。

図18 tax5.php

```php
<?php
function tax($price) {
    return $price * 1.1;
}

$sample_price = tax('文字列');
echo '消費税込みの値段:' . $sample_price . '円';
```

環境によっては空白だったり、エラーが表示されたりします。エラーが表示される場合は、図19のようになります。

図19 エラーの内容

```
Fatal error: Uncaught TypeError: Unsupported operand
types: string * float in …中略… tax5.php:3 Stack trace:
#0  …中略… tax5.php(6): tax('\xE6\x96\x87\xE5\xAD\x97\
xE5\x88\x97') #1 {main} thrown in …中略… tax5.php on
line 3
```

Fatal error は「致命的なエラー」という意味で、プログラムの実行が止まります。

PHP は可能な限り適切な型に変換して処理を続けてくれます。たとえば「tax('100')」と「文字列の100」をパラメータにした場合は実行してくれます。

しかし、数字以外の文字列などは意図しない変換となる場合が多いので、ここでは数字のみ受け付けるように変更しましょう 図20。パラメータの前に型を追加するだけです。

図20 tax6.php（変更箇所のみ）

```
function tax(int $price) {
```

これで数字以外のパラメータはこの関数では受け付けなくなります。これを型宣言といいます。

なお、たとえばユーザーの入力をパラメータに指定する場合、入力間違いなどでエラーが起こることがあります。このような場合にプログラムが止まると問題があるので、あとの章で出てくる **try ～ catch文** を使うと、エラーが発生した場合でも処理が止まらないプログラムを作ることができます。try ～ catch 文に関しては P191 で解説します。

いまの段階では、想定しない処理が発生した場合プログラムの実行を停止すると考えておいてください。

また、パラメータだけでなく、返り値の型も指定することができます 図21。

返り値の型宣言は、パラメータの外側に「**:**」に続けて記述します。このように書いておくと関数定義の一行目を見ただけでその関数にどんな型を渡して、どんな型が返ってくるかがわかり、可読性も上がります。エディタによっては型宣言を利用したサジェストやチェックを行ってくれるものもあります。

---

memo

PHP 7まではこの型のエラーはWarningだったため、プログラムの実行自体は止まりませんでしたが、PHP 8以降ではFatal errorとなり、プログラムが実行されません。

なお、エラーメッセージが出ない場合は、php.ini（PHPの設定ファイル）のdisplay_errorがOFFになっています。P16を参考にdisplay_errorをONにするか、プログラムの1行目に「ini_set('display_errors', 'On');」と書くと、エラーを表示できます。

図21 tax7.php（関数部分のみ）

```php
function tax(int $price) : float {
    return $price * 1.1;
}
```

関数を作成する際、関数にどこまでの処理を入れるかは、プログラムの中でその処理がどの程度共通しているかにもよります。

同じような記述がプログラム内に現れたら、function化して使い回せるようにすると、プログラミング効率が上がるでしょう。

ONE POINT PHPマニュアルの読み方

● PHPマニュアルを活用しよう

ここまでにも何度かphp.netのマニュアルのURLを紹介してきました。php.netのマニュアルは非常によくできています。プログラミングの経験が豊富な人であれば、このマニュアルを読み込むだけで、自分でプログラムを組むことも可能です。ここではphp.netのマニュアルの見方と調べ方を紹介します。

一番簡単な利用方法は、Web上でphp.netにアクセスすることです。そのほかにもWindowsのヘルプとして実行したり、HTMLでダウンロードすることも可能です。

https://www.php.net/download-docs.php

● 日本語でドキュメントを読む

https://www.php.net/にアクセスしたら、上部のメニューから「Documentation」をクリックします。表の中の「Japanese」をクリックすると日本語のマニュアルのトップページが表示されます。このページのリンクから興味のあるものをクリックして読んでみましょう。

「はじめに」などから順に読んでいくと、本書の内容をより補完できるはずです。

https://www.php.net/docs.php

関数リファレンスで関数を調べる

PHPマニュアルで一番よく使うのは関数リファレンスでしょう。ドキュメントのトップから「関数リファレンス」をクリックするか、「https://www.php.net/manual/ja/funcref.php」に直接アクセスすると、関数リファレンスのトップページが表示されます。

関数はカテゴリごとにわかれているので自分の興味のあるリンクをたどってください。ここでは例として、str_contains()関数について見てみます。関数リファレンスから、テキスト処理＞文字列＞String関数＞str_containsとたどってみましょう。すると次のような内容が掲載されています。

- 関数名：利用可能なバージョン
- 説明：関数の説明
- パラメータ：パラメータの詳細
- 戻り値：戻り値（返り値）の詳細
- 例：実際の使い方など
- 注意：関数の注意点
- 参考：他の関数で参考になりそうなものへのリンク
- User Contributed Notes：ユーザーの付記投稿

説明を見て利用できそうであれば、例を参考にしましょう。細かい指定の仕方などはパラメータを読み込んで、文中のリンクや参考のリンクもチェックしましょう。これだけで関数の理解は格段に上がります。

調べたい関数の名前がわかっている場合は、右上の検索窓に入力すると検索候補が表示されます。

情報が少ない場合などは、User Contributed Notesに世界のユーザからの投稿があり、使い方の参考にもなります。

本書では紹介しきれない多くの関数や利用方法が掲載されているので、ぜひマニュアルを見る癖をつけてください。

関数リファレンス
https://www.php.net/manual/ja/funcref.php

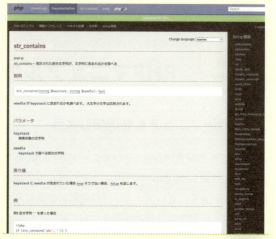

str_contains()関数の説明
https://www.php.net/manual/ja/function.str-contains.php

Lesson 3

簡単なWebアプリケーションを作成する

ここまでで学んだ知識を応用しながら、簡単なWebアプリケーションを作成してみます。外部ファイルやAPIからのデータ読み込みやXSS対策など、実際の現場でも必要になる知識もあわせてみていきましょう。

CSVファイルを読み込む

Lesson 3
01

> **THEME テーマ**
> これまでのPHPの基礎知識をもとに、新しい知識も学びながら、Web上で動作するプログラムに挑戦していきましょう。

Lesson 3で作成するプログラム

Lesson 3では、PHPのプログラムの基本的な流れを理解するために、シンプルなプログラムを作成してみます。ここで作成するのは、書籍データを**CSV形式**のファイル「bookdata.csv」から取得し、書籍名と著者名を抜き出して一覧表示するプログラムです。

bookdata.csvは本書のサンプルデータに収録されていますが、図1のように1行に「書籍名」「**ISBNコード**」「定価」「発売日」「著者名」がカンマ区切りで記録された状態になっています。これから作成するプログラムを実行すると図2のように表示されます。

> **WORD CSV形式**
> CSVはComma-Separated Valuesの略で、カンマで値が区切られた形式のデータです。

> **WORD ISBNコード**
> 図書（書籍）および資料の識別用に設けられた国際規格コードのこと。通常は「国別記号-出版者記号-書籍記号」のようにハイフンで区切られる（本書ではシンプルに13桁の数字として扱う）。

図1 bookdata.csv

```
書籍名,ISBNコード,定価,発売日,著者名
PHPの本,9994295001249,980,2024-9-1,佐藤
XAMPPの本,9994295001250,1980,2024-5-29,鈴木
MdNの本,9994295001251,580,2024-4-30,高橋
2024年の本,9994295001251,10000,2024-1-1,田中
```

※1行めは各項目の意味を示しています（実際のbookdata.csvには含まれていません）

図2 実行結果

```
書籍名:PHPの本
著者名:佐藤

書籍名:XAMPPの本
著者名:鈴木

書籍名:MdNの本
著者名:高橋

書籍名:2024年の本
著者名:田中
```

作成するプログラムの流れ

まず、プログラムの全体の流れを考えてみます。基本的な流れは のようになります。

図3 プログラムの流れ

```
① CSVファイルからデータを読み込む
          ↓
② データを1件ずつ取り出す
          ↓
③ 読み込んだデータから書籍名と著者名を抜き出す
          ↓
④ 抜き出した書籍名と著者名を表示する
          ↓
⑤ データがなくなるまで繰り返す
```

> **memo**
> サンプルデータのダウンロード方法についてはP8をご覧ください。

ではまず、CSVファイルを読み込むところから始めましょう。

fopen()関数でファイルを開く

CSVファイルを利用するために必要になる関数は **fopen()関数** と **fgetcsv()関数** の2つです。まずはfopen()関数を見てみましょう 。

図4 fopen()関数

fopen（ファイル名 ， 読み込みモード ［， include_path のファイルを検索するかどうかの真偽値 ［， コンテキスト ］］）
概要	ファイルまたはURLを開く
返り値	成功時はファイルポインタリソース、失敗時はfalse
詳細	https://www.php.net/manual/ja/function.fopen.php

> **memo**
> 関数のパラメータのうち、[〜]の部分は省略可能なことを示しています。

fopen()関数はファイルを読み込めるように準備をします。

ファイルの内容に対して処理を行うのがfgetcsv()関数です。こちらは次セクション⊕で詳しく解説します。

まずはfopen()関数を使ってファイルを開くサンプルを作成してみましょう。CSVファイルはサンプルデータにあるbookdata.csvを利用します図5。

> ⊕ 102ページ **Lesson3-02**参照。

> **memo**
> 「//データを読み込む」の部分はコメントで、P99で改めて解説します。

図5 fopen1.php

```php
<?php
// データを読み込む
$fp = fopen('bookdata.csv','r');
var_dump($fp);
```

fopenの第2パラメータには読み込みモードを指定しますが、ここで指定した'r'は「読み込み専用」を意味します図6。実行結果は次のようになります図7。

> **memo**
> 読み込みモードの詳細についてはPHPのマニュアルをご覧ください。
>
> https://www.php.net/manual/ja/function.fopen.php

図6 fopen() で使用可能な読み込みモード（抜粋）

読み込みモード	意味
'r'	読み込み専用。ファイルポインタは先頭
'r+'	読み込み／書き出し。ファイルポインタは先頭
'w'	書き出し専用。ファイルポインタは先頭
'w+'	読み込み／書き出し。ファイルポインタは先頭に置き、ファイルサイズをゼロにする
'a'	書き出し専用。ファイルポインタは終端で、書き込みは常に追記
'a+'	読み込み／書き出し。ファイルポインタは終端で、書き込みは常に追記
'x'	書き込み専用。ファイルポインタは先頭。ファイルが既に存在する場合には E_WARNING エラーを発行
'x+'	読み込み／書き出し。それ以外のふるまいは 'x' と同じ
'c'	書き込み専用。ファイルポインタは先頭。ファイルが既に存在する場合でもエラーは発行しない
'c+'	読み込み／書き出し。それ以外のふるまいは 'c' と同じ
'e'	オープンされたファイル記述子に close-on-exec フラグを設定

図7 実行結果

```
resource(3) of type (stream)
```

ファイルのオープンに成功した場合は、fopen()関数の返り値は
ファイルポインタリソースです。これは、ファイルを読み書きす
るのに必要な情報で、IDのようなものと考えればよいでしょう。
()内部の数字はシステムによって変わります。

　ファイルのオープンに失敗した場合、たとえば存在しないファ
イル名に指定して実行すると 図8 のように表示されます。

図8　ファイルのオープンに失敗した場合の表示

```
Warning: fopen(bookdata1.csv): Failed to open stream:
No such file or directory in …中略… fopen1.php on line 3
bool(false)
```

　このようにWarningエラーが表示され、bool(false)が返されま
す。つまり、ファイルのオープンが失敗した場合のfopen()関数
の返り値は論理値型のfalseです。

　このエラーメッセージは「ストリームを開けません。fopen1.
phpの3行目にあるファイルやディレクトリは存在しません」と
いう意味です。

エラーが発生した場合の処理

　ではif文を使って、正しくファイルが開けた場合は処理を継続
し、開けなかった場合には処理を中止する形にします。PHPの処
理を終了する命令は **exit** です。

　fopenの場合、ファイルが開けたときにはファイルポインタリ
ソース、開けない場合はWarningエラーとfalseを返します。
falseをif文で判定することにしましょう 図9 。

図9　fopen2.php

```php
<?php
// データを読み込む
$fp = fopen('bookdata.csv','r');
if($fp === false) {
    echo "ファイルのオープンに失敗しました。";
    exit;
}
var_dump($fp);
```

> **memo**
> exitは関数ではなく、言語構造
> (language construct) と呼ばれる命令
> です。exitと()を付けずに呼び出すこと
> ができ、exit()と()付けた場合は、パラ
> メータに終了時に表示するメッセージ
> の文字列や、エラーの状態示すステー
> タスコードを整数で指定することがで
> きます。

このプログラムを実行した際、「bookdata.csv」が正しく読み込めたときは 図10 のように、ファイルを開くのに失敗した場合は 図11 のように表示されます。

図10 表示結果（ファイルが正しく開けた場合）

```
resource(3) of type (stream)
```

図11 表示結果（ファイルが正しく開けなかった場合）

```
Warning: fopen(bookdata.csv): Failed to open stream: No
such file or directory in …中略… fopen2.php on line 3
ファイルのオープンに失敗しました。
```

「Warning」が発生したため、エラーメッセージを出力してexitでプログラムを終了しています。exitで終了しているため、最後のvar_dump()による出力はされず、プログラムは終了しています。$fpを確認したい場合はexit;の前に記述して実行してみましょう。

「Warning」はエラーの一種です。if文でせっかくエラーの処理をしているのに、エラーが表示されては意味がないように思うかもしれません。しかし、**開発時にはWarningは表示し**、問題箇所が特定できるようにしましょう。実際にユーザの目に触れる本番環境ではWarningを表示させず、メッセージも適切なものにする運用が必要です。

現在は、開発段階なのでそのまま表示しておきます。

コメントをつける

もうひとつ、これからすこし長めのプログラムを作っていく上で必要なことを解説します。

先ほどのプログラム中に**「// データを読み込む」**という行がありました 図12 。

図12 fopen1.php

```php
<?php
// データを読み込む
$fp = fopen('bookdata.csv','r');
var_dump($fp);
```

98　Lesson3-01　CSVファイルを読み込む

HTMLやCSSを知っている方であれば、HTMLでは<!-- ～ -->で囲まれた部分、CSSでは/* ～ */で囲まれた部分がコメントになり、実際の表示結果に影響しないことをご存じでしょう。

　PHPも同様にコメントをつけることで、そのコードの説明や覚書などを残しておくことができます。

コメントの書き方

　PHPのコメントの書き方はおもに2種類あります。一行のコメントの場合は「**//**」のあとにコメントを書きます 図13 。

図13 一行コメントの書き方

```php
<?php
//  コメントを書く
echo ' 実行する ';  //  コメントを書く
?>
```

　「//」のあとの改行までがコメントと見なされます。つまり、このプログラムの場合は、//の前にある「echo '実行する';」は実行されます。また、「//」の代わりに「#」の記号を使うこともできます。

　複数行のコメントを書く場合は「**/***」と「***/**」でコメントを囲みます。/* コメント */と一行でも利用できます。この書き方はCSSと同じです 図14 。

図14 複数行のコメントの書き方

```php
<?php
/*
複数行のコメントを書く
複数行のコメントを書く
echo ' 実行する ';
*/
?>
```

　この場合の「echo '実行する';」は、「/*」と「*/」の間に書かれているため、コメントと見なされて実行されません。

コメントの注意点

PHPでコメントを書く際に注意点が1つあります。<?php ～ ?>の間はPHPとして処理されるので、「//」や「/* ～ */」がコメントとして機能しますが、<?php ～ ?>の外側に書いた場合はHTMLとみなされるため、コメントにならないという点です。図15 の例を見てみましょう。これをブラウザで表示すると 図16 のようになります。

図15 comment_test.php

```php
<?php
// この行はコメントです
echo "この行は表示されます";
/*
この行はコメントです
*/
?>
<br>
// この行は PHP の外側なので表示されます
<!-- この行はコメントです -->
```

図16 comment_test.phpの表示

この行は表示されます
//この行はPHPの外側なので表示されます

<?php ～ ?>の外側ではHTMLの <!-- ～ --> がコメントに使われます。

このように、PHPファイルであっても、<?php ～ ?>の内側と外側ではコメントにする方法が異なるので注意しましょう。

コメントアウト

コメントは、メモを残すほかにもうひとつ、エラーや挙動を検証する際に、一時的にコードを無効化するために使うこともあります。

たとえば、図17 のようなコードです。

このコードの場合、2行目の$aへの代入がコメントになっているため、「こんにちは」と表示されます 図18 。

100　Lesson3-01　CSVファイルを読み込む

図17 commentout1.php

```php
<?php
$a = 'こんにちは';
// $a = 'こんばんは';

echo $a;
```

図18 実行結果

> こんにちは

　表示を「こんばんは」にした状態を見てみたい場合、もちろん「こんにちは」を「こんばんは」に書き換えてもいいですが、**図19**のようにすると、変数への代入自体は書き換えずに「こんばんは」の表示に変えることができます**図20**。

図19 commentout2.php

```php
<?php
// $a = 'こんにちは';
$a = 'こんばんは';

echo $a;
```

図20 実行結果

> こんばんは

　プログラムを書いているときは、このようにいくつかのコードのどれがよいかを検証しながら記述していくことがよくあります。コメントにはこのような使い方もあることを覚えておきましょう。

Lesson 3-02 CSVファイルのデータを1件ずつ処理する

THEME テーマ ファイルを開くところまではできたので、次は読み込んだファイルを1行ずつ処理していきます。

fgetcsv()関数でデータを1行ずつ読み込む

さきほどの「fopen2.php」では、fopen()関数でCSVファイルを開いた際に、**ファイルポインタリソース**を $fp に格納しました。

ファイルポインタリソースにはどこまで読み込んだかなどの情報が格納されています。fopen()関数が行ったのは、ファイルを開いて「先頭から」処理を始める準備だけです。次はここから1行ずつファイルを読み込んでいく必要があります。CSVファイルを一行ずつ読み込む命令は **fgetcsv()関数** です 図1。

図1 fgetcsv()関数

fgetcsv（　ハンドル　[，最大行長　[，区切り文字　[，フィールド囲い込み文字　[，エスケープ文字　]]]]　）	
概要	ファイルポインタから行を取得し、CSVフィールドを処理する
返り値	読み込んだフィールドを含む配列。取得できない場合は false
詳細	https://www.php.net/manual/ja/function.fgetcsv.php

ファイルポインタは前セクションにも出てきましたが、ファイルのどこまで処理が進んでいるかを示すマークといったイメージです。

fgetcsv()関数は1行ずつ処理を行うので、1度目に実行したときは1行目、2度目に実行したときは2行目というようにファイルポインタが進んで行きます。

まずはオープンしたファイルポインタリソースをfgetcsv()関数で処理してみましょう 図2。実行結果は 図3 のようになります。

図2 fgetcsv1.php

```php
<?php
// データを読み込む
$fp = fopen('bookdata.csv','r');
if($fp === false) {
    echo "ファイルのオープンに失敗しました。";
    exit;
}
//1行を処理する
$row = fgetcsv($fp);
var_dump($row);
```

図3 fgetcsv1.phpの実行結果

```
array(5) { [0]=> string(9) "PHP の本 " [1]=> string(13) "9994295001249"
[2]=> string(3) "980" [3]=> string(8) "2024-9-1" [4]=> string(6) " 佐藤 " }
```

実行するとCSVから1行分のデータだけ表示されました。これはファイルポインタリソースの先頭から1行が処理されたということです。

では、次の行、その次の行と処理を続けていくためにはなにを使うとよいかを考えていきましょう。

while文で繰り返す

終わりが予測できない繰り返しの時は**while構文**が適しています。whileはforと同様の繰り返し構文で、**図4**のように書きます。

図4 while文の書き方

```
while (条件){
    処理
}
```

では、for文⏩と同様、簡単なサンプルを見てみましょう 図5。
実行すると1から10まで表示されます 図6。

> ⏩ 55ページ **Lesson2-06**参照。

図5 while1.php

```php
<?php
$i = 1;
while($i <= 10) {
    echo $i;
    $i++;
}
```

図6 while1.phpの実行結果

12345678910

whileの場合、forと違って繰り返しをコントロールする変数（$i）
の初期化はwhile文の前に行います。変数の変更はwhileの処理内
部で行います。()内に書くのは繰り返しの条件だけです。

ここではまず繰り返しをコントロールする変数$iに1を代入し、
while文の条件で「$i <= 10」、つまり$iが10以下という繰り返し
条件にしています。whileの内部では$i++で1を加算⏩しています。

> ⏩ 56ページ **Lesson2-06**参照。

while文とfgetcsv()関数を組み合わせる

今回、forよりwhileが適している理由は、ファイルポインタ
がすでにfopen()で初期化済みで、ファイルの読み込み位置はカ
ウントしなくてもfgetcsv()によって自動的に進むためです。

では、CSVを1行ずつ読み込む処理をwhileと組み合わせてみ
ましょう。fgetcsv()関数は読み込みに失敗した場合にfalseを返
すので、これをwhileの条件に指定できます。組み合わせた結果
は 図7 のようになります。

104 **Lesson3-02** CSVファイルのデータを1件ずつ処理する

図7 while2.php

```php
<?php
$fp = fopen('bookdata.csv','r');
if($fp === false) {
    echo "ファイルのオープンに失敗しました。";
    exit;
}
// 1行ずつ出力する
while($row = fgetcsv($fp)) {
    var_dump($row);
}
```

ここでは while の条件を **図8** のようにしています。

図8 whileの条件

```php
while($row = fgetcsv($fp)) {
```

　この場合、「$row = fgetcsv($fp)」は「=」が１つなので、比較ではなく代入です。$row と fgetcsv($fp) が等しいかどうかを条件にしているのではなく、変数$row に fgetcsv($fp) の返り値を代入して、その結果 $row が読み込めているかどうかを条件としています。

　fgetcsv($fp) が１行分のデータを返しているうちは、そのデータが $row に代入されるため、条件としては true とみなすことができ、処理を繰り返します。

　読み込む行がなくなると、fgetcsv($fp) の返り値が false になるため、$row も false になり、繰り返しが終了します **図9**。

図9 $row = fgetcsv($fp)の条件判定の流れ

１行分のデータが返ってくる場合
$row=fgetcsv($fp) が true

PHPの本,9994295001249,980,2024-9-1,佐藤

XAMPPの本,9994295001250,1980,2024-5-29,鈴木
MdNの本,9994295001251,580,2024-4-30,高橋
2024年の本,9994295001251,10000,2024-1-1,田中

データが返ってこない場合
$row=fgetcsv($fp) が false

読み込む行なし

STOP!!

このような流れで、すべての行の読み込みが終わるまで1行ずつ while で処理できることになります。実行結果は 図10 のようになります。

図10 while2.phpの実行結果（ソース表示）

```
array(5) {
  [0]=>
  string(9) "PHP の本 "
  [1]=>
  string(13) "9994295001249"
  [2]=>
  string(3) "980"
  [3]=>
  string(8) "2024-9-1"
  [4]=>
  string(6) " 佐藤 "
}
array(5) {
  [0]=>
  string(11) "XAMPP の本 "
  [1]=>
  string(13) "9994295001250"
  [2]=>
  string(4) "1980"
  [3]=>
  string(9) "2024-5-29"
  [4]=>
  string(6) " 鈴木 "
}
... 以下略 ...
```

CSV ファイルのデータが var_dump() で表示されました。array() とあるので配列ということがわかります。その後に [ ] でくくられたキーと、値の文字列が入っています。

106　**Lesson3-02**　CSVファイルのデータを1件ずつ処理する

echoを使って特定のデータを表示する

配列のアクセスなのでP61のようにforeachでループさせても、キーでアクセスしても値を取得することができます。ここでは後者の方法で配列から書籍名と著者名を取り出して表示します。

var_dump()の結果をみると、書籍名のキーは0、著者名のキーは4です。サンプルを 図11 のように書き換えます。実行するとブラウザには 図12 のように表示されます。

図11 while3.php

```php
<?php
$fp = fopen('bookdata.csv','r');
if($fp === false) {
    echo "ファイルのオープンに失敗しました。";
    exit;
}
// 書籍名と著者名を出力する
while($row = fgetcsv($fp)) {
    echo "書籍名:" . $row[0] . "<br>";
    echo "著者名:" . $row[4] . "<br><br>";
}
```

図12 while3.phpの実行結果

書籍名:PHPの本
著者名:佐藤

書籍名:XAMPPの本
著者名:鈴木

書籍名:MdNの本
著者名:高橋

書籍名:2024年の本
著者名:田中

これでCSVファイルを読み込んで、特定のデータを一覧で表示するところまでできました。

Lesson 3 03 クロスサイトスクリプティング（XSS）の対策を行う

> **THEME テーマ**
> PHPで信頼できない外部のデータを読み込んで表示する場合は、必ずセキュリティに注意する必要があります。

XSSへの対策は必須

　Lesson 3で扱っているCSVファイルは自前で用意しているため、安全なデータです。ですが、実際のWebアプリケーションの場合は、悪意のあるデータが混ざる場合があります。

　PHPで外部のデータを読み込んだとき、その画面表示時の脆弱性を利用して誰でも簡単に起こせる攻撃がXSS（クロスサイトスクリプティング）です。

XSSとは

　まず、XSSがどのようなものか、簡単に理解しておきましょう。「クロスサイト」は「サイトを横断した」という意味で、別のサイトに存在する悪意のあるスクリプトを自サイトで実行して、自サイトに訪れたユーザに損害を与える攻撃方法です。図1。

図1　XSSの仕組み

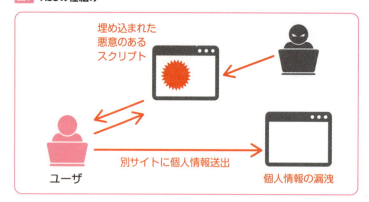

たとえば、ユーザからの入力をフォームで受け付け、確認のために表示するPHPスクリプトを作成したとします。ここでは、P46で作成したinput.html 図2 とsample.php 図3 を例とします。

図2 input.html

```
<form method='post' action='sample.php'>
<input type='text' name='a'>
<input type='submit' value=' 送信する '>
</form>
```

図3 sample.php

```
<?php
echo $_POST['a'];
```

このinput.htmlにブラウザでアクセスした後、図4 をフォームに入力して、送信ボタンをクリックしてみましょう。

図4 フォームに入力する内容

```
<script> alert('JavaScript Alert'); </script>
```

図5 のようなアラートが表示されます。これは、フォームに書き込むだけで、誰でも任意のコードを他人のブラウザで実行できてしまうということになります。

図5 実行結果の表示例

これは、PHPからHTMLとJavaScriptを出力しているためです。わかりづらいのでブラウザのメニューからソースの表示をしてみましょう 図6。

図6 実行結果のソース

```
<script> alert('JavaScript Alert'); </script>
```

ユーザの入力文字列をそのまま表示したものが、動作するHTMLだと解釈され、script要素内のJavaScriptが実行されてしまいました。

このスクリプトはアラートを出すだけですが、たとえば次のようなコードがフォームに入力されたとしたらどうでしょう？ 図7

図7 悪意のある入力

```
<script src="https:// ○○ .com/evil.js"></script>
```

こうすると、○○.comに存在する悪意のあるevil.jsが実行されてしまいます。これが、XSSの本当の怖さです。このような脆弱性をかかえたプログラムを人に使わせるわけにはいきません。

XSS対策を行う関数

XSSに対する脆弱性は「データ上の普通の文字列が、HTML内に表示するテキストへと正しく変換されずに表示された」ことが原因です。その変換を行うために、**htmlspecialchars()** という関数が用意されています 図8。

図8 htmlspecialchars()関数

htmlspecialchars（変換する文字列［，フラグ定数［，エンコーディング［，既存のHTMLエンティティを変換するかどうか ］］］）	
概要	特殊文字をHTMLエンティティに変換する
返り値	変換した文字列
詳細	https://www.php.net/manual/ja/function.htmlspecialchars.php

特殊文字というのは **&**、**"**、**'**、**<**、**>** です。これらの文字はHTML上で意味を成す文字です。たとえば、<を「<」、>を「>」といった **HTMLエンティティ** に変換することで、文字列を無害化します。

第1引数には変換する文字列を指定します。第2引数に指定するのはどの文字を変換対象とするかのフラグ定数です。**ENT_QUOTES** を指定すると、文字列の中にある"と'の両方とも変換されるため、HTMLタグの属性でどちらの引用符を使っているかを問わなくなります。

第3引数には文字のエンコーディングを指定します。PHPの設定や入力文字コードによっては変換に失敗する場合があるので、すべての文字コードが確実にUTF-8に統一されていると言いきれない場合は、かならず指定しておきましょう。

> **memo**
> 引数の詳細についてPHPのマニュアルをご覧ください。
>
> https://www.php.net/manual/ja/function.htmlspecialchars.php

WORD｜HTMLエンティティ

「&」で始まり「;」で終わる文字列のこと。HTMLで特定の機能をもつ文字をブラウザ上に表示するためのもので、たとえば「<」は<、「>」は>と書くことで、タグの開始・終端を示す記号としての機能がなくなり、ブラウザ上にも表示されるようになる。

htmlspecialchars()関数を使う

htmlspecialchars()関数により、HTMLのリンクを別のサイトに向けて貼られたり、JavaScriptを意図せず実行されたりといった事態を防ぐことができます。ユーザからの入力、外部からの入力を利用する場合には必ず使用しましょう。

まずは、簡単なサンプルをみてみます 図9 。実行結果は 図10 となります。

図9 htmlspecialchars1.php

```php
<?php
echo "<s>test</s><br>" . PHP_EOL;
echo htmlspecialchars("<s>test</s><br>", ENT_QUOTES, 'UTF-8');
```

図10 htmlspecialchars1.phpの実行結果

~~test~~
<s>test</s>

では、ソースをみてみましょう 図11 。

図11 実行結果のソース

```
<s>test</s><br>
&lt;s&gt;test&lt;/s&gt;&lt;br&gt;
```

1行めはHTMLタグがそのまま出力されています。2行めはhtmlspecialchars()関数を使用しているため、<が「<」、>が「>」に変換されています。そのため、実際にはHTMLのタグとして機能せず、ブラウザ上に<s>などが通常のテキストのように表示されます。

先ほどのプログラムの例もみてみましょう 図12 図13 。

図12 htmlspecialchars2.html

```html
<form method='post' action='htmlspecialchars2.php'>
<input type='text' name='a'>
<input type='submit' value=' 送信する '>
</form>
```

図13 htmlspecialchars2.php

```php
<?php
echo htmlspecialchars($_POST['a'], ENT_QUOTES, 'UTF-8');
```

フォームに「<script> alert('JavaScript Alert'); </script>」と入力して送信すると、今回はアラートが出ず、文字列が表示されます 図14 。

図14 htmlspecialchars2.phpの実行結果

<script> alert('JavaScript Alert'); </script>

続いてソースも見てみましょう 図15 。

図15 実行結果のソース

<script> alert('JavaScript Alert'); </script>

htmlspecialchars()の第2引数にENT_QUOTESを指定しているため、「'」（シングルクォーテーション）も変換されています。今回の例では「'」を変換しなくてもアラートは表示されなくなりますが、**「'」もXSSの温床になる**ので、仕様としてどうしても必要でない限りは変換しましょう。

プログラムにXSS対策を施す

では、前セクションまでで作成したプログラムの出力部分にhtmlspecialchars()関数を追加していきます。

その前にまず、CSVファイルにHTMLタグを仕込んだ場合に、本当にそのまま実行されてしまうかを確認しましょう。

CSVファイルの1行目にいったん 図16 の行を追加して、前セクションのwhile3.phpを実行してみましょう 図17 。

図16 bookdata.csvの先頭に次の1行を追加（あとで削除）

<s> 書籍名 1</s>,9994295001249,980,2024-01-01,<b> 柏岡秀男 </b>

取り消し線や強調で表示されていますね、これはCSVに含まれるタグがそのままHTMLとして機能してしまったことになり、脆弱性が存在しています。

112 **Lesson3-03** クロスサイトスクリプティング（XSS）の対策を行う

図17 実行結果

書籍名:書籍名±

著者名:**柏岡秀男**

書籍名:PHPの本

著者名:佐藤

書籍名:XAMPPの本

著者名:鈴木

書籍名:MdNの本

著者名:高橋

書籍名:2024年の本

著者名:田中

では htmlspecialchars() 関数を追加して、HTML の記号文字を機能させないようにします。while3.php で CSV の内容を出力している部分は①と②の 2 行です **図18**。

図18 while3.php

```php
<?php
$fp = fopen('bookdata.csv','r');
if($fp === false) {
    echo "ファイルのオープンに失敗しました。";
    exit;
}
// 書籍名と著者名を出力する
while($row = fgetcsv($fp)) {
    echo "書籍名:" . $row[0] . "<br>";          ①
    echo "著者名:" . $row[4] . "<br><br>";      ②
}
```

Lesson 3　簡単なWebアプリケーションを作成する

113

ここを htmlspecialchars() でくくりましょう 図19 。実行結果は
図20 となります。

図19 htmlspecialchars3.php

```php
<?php
$fp = fopen('bookdata.csv','r');
if($fp === false) {
    echo "ファイルのオープンに失敗しました。";
    exit;
}
// 書籍名と著者名を htmlspecialchars で無害化して出力する
while($row = fgetcsv($fp)) {
    echo "書籍名:" . htmlspecialchars($row[0], ENT_QUOTES, 'UTF-8') . "<br>";
    echo "著者名:" . htmlspecialchars($row[4], ENT_QUOTES, 'UTF-8') . "<br><br>";
}
```

図20 実行結果

書籍名:<s>書籍名1</s>
著者名:<b>柏岡秀男</b>

書籍名:PHPの本
著者名:佐藤

書籍名:XAMPPの本
著者名:鈴木

書籍名:MdNの本
著者名:高橋

書籍名:2024年の本
著者名:田中

ブラウザから出力した時に、取り消しや強調ではなく、記号文字が目にみえるかたちで表示されました。タグがそのまま表示できたということはHTMLとして機能していないことになります。これで、XSSの対策ができたといえます。

XSS攻撃は主にユーザからのさまざまな手法による入力により、意図しないスクリプトが実行されます。ユーザからの入力に対してスクリプトを実行させないということが重要です。

XSS対策は必ず行う

XSS対策は、PHPでWebアプリケーションを作成する際に絶対に欠かしてはいけません。もしXSSの脆弱性が残っていると、Webに公開した際に攻撃の踏み台にされるなど、自サイト以外にも被害が及ぶ可能性があります。

ユーザから受け付けた入力を表示する場合には、必ず**htmlspecialchars(変数, ENT_QUOTES, 'UTF-8')**を書くようにしましょう。

引数のENT_QUOTESが「'」（シングルクォーテーション）をエスケープするためのオプションで、このオプションを設定することにより、より確実にXSS対策が行えます。忘れずに指定しましょう。

htmlspecialchars()関数によるXSS対策は頻繁に出てくるので、より使いやすくするために関数化して使用することもよくあります。次セクションでは、このやり方をみていきましょう。

Lesson 3-04 よく使う処理を関数化する

> **THEME**
> テーマ
> プログラムでは、よく使う処理を関数化することがあります。このやり方も見ていきましょう。

繰り返し使う処理は関数化する

「関数を作る」→では、一連の処理を関数化する方法を学びました。関数は、何度も同じ処理を実行するときに利用すると便利です。前セクションでは、htmlspecialchars()を同じ書き方で2箇所に記述しました。短く書ける関数にして、それを利用するようにしましょう。

→ 86ページ **Lesson2-11**参照。

関数化の流れ

まず、ここで作成する関数でどのような処理を行うかを見てみます。htmlspecialchars()を使用する際に同じ引数を毎回指定するのが面倒なので、引数に変換する文字列を渡したら、ほかの引数は指定しなくてもよい形にしましょう 図1。

図1 関数化する処理

```
htmlspecialchars(変換する文字列, ENT_QUOTES, 'UTF-8')
           ↓
str2html(変換する文字) ← 短くなる
```

116 Lesson3-04 よく使う処理を関数化する

関数名は機能がわかりやすいものがよいです。ここでは「特殊な文字列をHTMLエンティティに変換する」ということで、**str2html**の関数名で作成しましょう。

また、せっかくですから後で別のPHPプログラムから再利用できるように、別ファイル「**functions.php**」に作成しましょう 図2 。

> **memo**
>
> 入力の手間やミスを減らすために、頻繁に使用する関数の名前は短くする方がよいでしょう。

図2 functions.php

```php
<?php
function str2html(string $string) :string {
    return htmlspecialchars($string, ENT_QUOTES, 'UTF-8');
}
```

functionに続いて関数名を記述し、その後の()の中には引数を指定します。今回の関数は文字列に < や >、'、" などの特殊文字があったら無害化するという処理なので、文字列（string）の引数を受け取るように宣言しています。

ここでは引数の名前は $string としています。ほかにも $inputdata など、わかりやすい変数名であればかまいません。

返り値は文字列になりますので、「:string」と型宣言も記述しています。

関数の処理では、第1引数に $string を設定し、第2引数と第3引数も指定した htmlspecialchars() 関数を実行し、処理結果を return で返しています。

関数をプログラムで使用する

では、この関数を利用して先ほどのプログラムを変更してみましょう 図3 。

図3 str2html.php（前半）

```php
<?php
require_once 'functions.php';
$fp = fopen('bookdata.csv','r');
if($fp === false) {
    echo "ファイルのオープンに失敗しました。";
    exit;
}
```

2行目で関数の記述されたファイルを読み込んでいます。includeを使ってもよいのですが、このファイルがないとstr2html()が利用できなくなるので、ここではエラーを発生させるrequireを利用します。require_onceとしているのは、間違って2回同じ名前の関数を定義するとエラーが起きるからです。

これでstr2html()関数が利用できるようになったので、echoの処理の部分も書き換えます 図4 。引数が省略されスッキリしました 図5 。

図4 **関数化する前と後**

関数化する前
```
htmlspecialchars($row[0], ENT_QUOTES, 'UTF-8')
```

関数化した後
```
str2html($row[0])
```

図5 **str2html.php（後半）**

```
while($row = fgetcsv($fp)) {
    echo "書籍名:" . str2html($row[0]) . "<br>";
    echo "著者名:" . str2html($row[4]) . "<br><br>";
}
```

共通の処理がある場合は、関数にすることで入力ミスが入り込む可能性も減ります。プログラムを書いていて似たようなロジックがあるときは、関数にできないか検討してみましょう。

なお、関数化したstr2html.phpの全体は 図6 のようになります。これをブラウザで実行して、関数化する前と変わりなく無害化されていることを確認しておきましょう 図7 。

118　Lesson3-04　よく使う処理を関数化する

図6 str2html.php

```php
<?php
require_once 'functions.php';
$fp = fopen('bookdata.csv','r');
if($fp === false) {
    echo " ファイルのオープンに失敗しました。";
    exit;
}
while($row = fgetcsv($fp)) {
    echo " 書籍名:" . str2html($row[0]) . "<br>";
    echo " 著者名:" . str2html($row[4]) . "<br><br>";
}
```

図7 実行結果

書籍名:<s>書籍名1</s>
著者名:<b>柏岡秀男</b>

書籍名:PHPの本
著者名:佐藤

書籍名:XAMPPの本
著者名:鈴木

書籍名:MdNの本
著者名:高橋

書籍名:2024年の本
著者名:田中

memo
ここまでのXSS対策の検証が終わった
ら、bookdata.csvはLesson4で再度使
用するので、P112で追加した1行目は
削除しておいてください。

Lesson 3-05 適正体重の計算アプリ①
適正体重を計算して表示する

> **THEME テーマ**
> もう一つ、ユーザの入力に応じて計算を行うアプリを作ってみましょう。今度はフォームが登場します。

入力フォームを使ったアプリケーションを作成

今度は入力フォームから入力されたデータをもとに処理するプログラムを作成してみましょう。

HTMLの入力フォームは、アンケートやログイン、検索、会員情報登録などで使われるので馴染みがある方も多いことでしょう。

PHPでは、HTMLフォームからの値を受け取って処理を行えます。ここではユーザから身長を入力してもらい、その身長をもとに適正体重を算出して表示してみましょう。

入力フォームの作成

シンプルなフォームを作ってPHPに値を渡してみます。フォームから入力された値をPHPで取得する時は、**$_POST**や**$_GET**などの**スーパーグローバル変数**で利用ができます。スーパーグローバル変数とは、ユーザが定義や代入をしなくても利用できる変数です。

フォームから送出された値は、form要素のmethod属性をpostにした場合は$_POSTに、getにした場合は$_GETに配列で格納されます。

HTMLのinput要素に指定したname属性をキーとして$_POSTや$_GETから値を取得することができます。まとめると 図1 のようになります。

ではまず、値を送るためにHTMLフォームを作成しましょう 図2 。

> **memo**
> 本書ではHTMLの詳細については触れませんので、タグの詳細については別途リファレンス等をご参照ください。

図1 フォームからの入力受信の仕組み

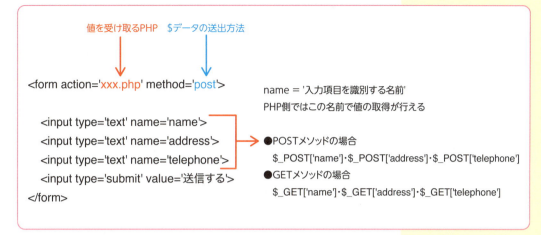

図2 weight1.html

```
<!doctype html>
<html lang='ja'>
<head>
  <meta charset='UTF-8'>
  <title> 適正体重サンプル </title>
  <link rel='stylesheet' type='text/css' href='./style.css'>
</head>
<form action='weight1.php' method='post'> ―――①
  <p>
    <label> 身長 :</label>
    <input type='text' name='height'>m ―――②
  </p>
  <p class='button'>
    <input type='submit' value=' 送信する '>
  </p>
</form>
</html>
```

フォームとPHPの関係

それぞれのフォームの要素のうち、PHPに関連する部分を簡単に解説します。

①のactionはデータを受け渡すサーバ側のスクリプトを指定します。ここではあとで作成する「weight1.php」を指定しています。

methodはデータを送信する際のHTTPメソッドです。ここではpostを指定しました。前述のように$_POSTに配列としてデータが保存されます 図3。

図3 form要素のaction属性とmethod属性

```
<form action='weight1.php' method='post'>
```

②のinput要素で重要なのがname属性です。PHP側で受け取る配列のキーになるので、意味のわかりやすい名前にするとよいでしょう。ここでは身長なので「height」としました 図4。

図4 input要素のname属性

```
<input type='text' name='height'>m
```

フォームのデータをPHPで受け取る作成

では、受け取り側のPHPを作成してみます。

まずは適正体重の計算ですが、ボディマス指数（BMI＝Body Mass Index）の計算方法を使います。

まず、ボディマス指数は、身長と体重から次のように計算します 図5。

図5 ボディマス指数の計算方法

$$\text{ボディマス指数} = \frac{\text{体重 (kg)}}{\text{身長}^2 \text{ (m)}}$$

日本肥満学会によると、このボディマス指数が18.5～25の範囲に入っている場合、標準体重とされています。ここでは、ボディマス指数が22を適正体重としましょう。適正体重をwとした場合、上記の式は 図6 のように展開できます。

図6 適正体重の算出式

$$22 = \frac{w}{\text{身長}^2} \quad \longrightarrow \quad w = 22 \times \text{身長}^2$$

つまり、入力された身長を2乗して22を掛ければ、適正体重が求められることになります。PHPのプログラム「weight1.php」は次のようになります 図7 。

図7 weight1.php

```php
<?php
$height = $_POST['height'];
echo ' 適正体重は ' . $height * $height * 22 . 'kgです。';
```

　シンプルですね。$_POST['height'] で受け取った配列のキー 'height' の値（＝フォームの身長欄の入力値）を受け取って $height に代入し、echoで「$height * $height * 22」の結果を文字列と組み合わせて出力しています。

　では、ブラウザでweight1.htmlにアクセスして、フォームに身長を入力して送信してみましょう 図8 。

図8 実行結果

身長: 1.6 　m

送信する

→

適正体重は56.32kgです。

PHPプログラムを修正する

　このプログラムはいくつか修正したほうがいい点が残っています。それらを修正して、より完成度の高いプログラムにしていきましょう。

数字以外が入力された場合に対応する

　まず、入力フォームに数字以外の文字列を入力してみましょう。PHPの環境にもよりますが、次のようなエラーが出るはずです。

```
Fatal error: Uncaught TypeError: Unsupported operand
types: string * string in … 中略…weight1.php:3 Stack
trace: #0 {main} thrown in …中略…weight1.php on line 3
```

　これは、文字列と文字列を掛け算しようとして型のエラーになったというメッセージです。算術計算は整数型や浮動小数点数型の値しか使用できません。計算を行う前に入力された値を確実に数値型に変換することでこのエラーを防ぐことができます。

memo

$_POST['height'] は任意の文字列です。図8 で正しく表示されたのは、数値とみなせる文字列の場合だけPHPが自動的に数値に変換して計算してくれていたおかげです。

このプログラムの場合はメートル単位の数値を入力してほしいので、浮動小数点数型が適切です。

このような型の変換を**キャスト**といいます。キャストするときは型の名称⊕を()でくくります 図9 。

35ページ Lesson2-01参照。

図9 キャストの書き方

(型の名称) 値を変換する変数

では、この方法でコードを修正してみましょう 図10 。また、この weight2.php を読み込む形に HTML も変更します。

図10 weight2.php（修正箇所のみ）

```
$height = (float) $_POST['height'];
```

文字を入力してもエラーが出なくなるはずです。入力欄に「あああ」などと入力して試してみましょう 図11 。

memo

ダウンロードデータでは、挙動を試せるようにweight2.phpを読み込む形に変更したweight2.htmlを収録しています。weight1.phpを直接修正した場合は、HTMLはそのままweight1.htmlを変更せずに使用してかまいません。以下のプログラムの修正に関しても同様です。

図11 実行結果

身長: あああ m
送信する
→
適正体重は0kgです。

エラーにはならず、0kgと表示されましたね。

結果が0kgなのは、数値に変換できない文字列が入力されたため、0に変換されたという挙動です。

ここに「172.5」と入力すると、結果は「適正体重は654637.5kgです。」と表示されます 図12 。

図12 センチメートル単位で入力した場合の表示

適正体重は654637.5kgです。

計算は正しいのですが、そこまで重い体重はあり得ません。これは、メートル単位で入力してもらいたいところに、センチメートル単位で入力されてしまったことによるミスです。これも防ぎましょう。

バリデーションを行う

　入力された値が適切かどうかをチェックすることを**バリデーション**といいます。ここでは、if文を用いてバリデーションを行いましょう。

　身長なので最大値を3mとします。また身長にマイナスもあり得ないので入力範囲は0～3としましょう。

　そして、その範囲に合致しない場合は、メッセージを表示してプログラムを終了するようにします。プログラムは 図13 のようになります。

図13 weight3.php

```php
<?php
$height = (float) $_POST['height'];
if ((0 < $height ) && ( $height < 3)) {
    echo '適正体重は ' . $height * $height * 22 . 'kgです。';
}else{
    echo '身長を正しく入力してください。';
}
```

&&と||

　今回は身長の条件として「0～3の間」を設定していましたが、これは1つの比較式では表現できません。「0より大きい」かつ「3未満」の2つの条件を同時に満たすという書き方をする必要があります。この「かつ」に当たる部分が **&&** です。この && を**「論理演算子」**といいます。図で示すと、 図14 の部分が && の範囲です。

図14 「0より大きい」 && 「3未満」の範囲

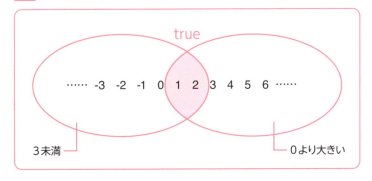

> **memo**
> &&はand、||はorと記述することもできます。
> ただし、判定の優先順位に差があります。特に必要がない場合は &&か||を使用するようにしましょう。詳しくはマニュアルを参照してください。
>
> https://www.php.net/manual/ja/language.operators.logical.php

&&とセットで覚えておきたい論理演算子に||があります。||は「または」という意味です。

　たとえば、「0〜3以外」という条件にする場合は、「0未満」または「3より大きい」のどちらかの条件を満たすという書き方になります。&&の場合は両方の条件を満たす場合に全体がtrueになるのに対し、||の場合はどちらか片方の条件が満たされれば全体がtrueになります 図15 。

図15 「0未満」|| 「3より大きい」

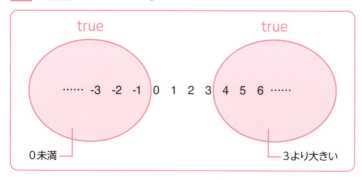

　これらを表にすると 図16 のようになります。

図16 &&と||の関係

条件A	条件B	A && B	A || B
true	true	true	true
true	false	false	true
false	true	false	true
false	false	false	false

　なお、論理演算子にはもうひとつ、「!」もあります。「!」は否定を意味します。&&や||と違い、1つの条件に対して使用し、trueとfalseを反転する役割を持ちます 図17 。

図17 !の役割

条件A	!A
true	false
false	true

「!」については、次セクションで出てきます。では、さまざまな値を入れてテストしてみましょう 図18。

図18 値のテスト

身長	結果
未入力	身長を正しく入力してください。
スペース	身長を正しく入力してください。
0.5	適正体重は 5.5kg です。
1	適正体重は 22kg です。
1.75	適正体重は 67.375kg です。
3.5	身長を正しく入力してください。
-1.5	身長を正しく入力してください。

これで期待する入力値の時だけ計算を行うことができました。プログラムのバリデーションでは、このように要件を網羅できるように条件式を組み合わせなければなりません。

if文を2つ書く場合

&&や||を使わずにif文を2つ書く方法もあります。たとえば&&でいえば、Aの条件を満たした上でBの条件を満たすということですから、図19 のようにif文を2つ書いてもよいようにみえます。

図19 weight4.php

```php
<?php
$height = (float) $_POST['height'];
if (0 < $height ) {
    if ( $height < 3) {
        echo '適正体重は ' . $height * $height * 22 . 'kgです。';
    }
}else{
        echo '身長を正しく入力してください。';
}
```

ただし、図19の状態ではメッセージが表示されないケースがあります 図20 。

図20 メッセージが表示されない部分

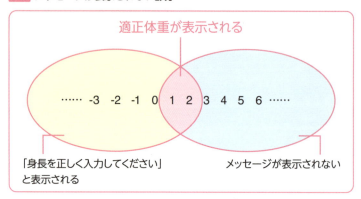

図で示したように、$height が 3 より大きいケースですね。$height < 0 の条件は満たしているため、else の処理は実行されません。

たとえば、図21 のように該当する部分にもメッセージを記述するとよいでしょう。

図21 weight5php

```
<?php
$height = (float) $_POST['height'];
if (0 < $height ) {
    if ( $height < 3) {
        echo '適正体重は' . $height * $height * 22 . 'kgです。';
    }else{
        echo '身長は3より小さい値を入力してください。';
    }
}else{
    echo '身長は0より大きい値を入力してください。';
}
```

こうすると、&&で複数の条件を同時に判定する場合よりも細かくメッセージを分けられます。必要に応じてこのような書き方をしてもよいでしょう。

ONE POINT JavaScriptとサーバでのチェック

フォームへ入力された値のバリデーションは、JavaScriptで行うこともできます。JavaScriptでバリデーションを行う場合は、ブラウザ上でチェックされるため、送信前にリアルタイムで「0より大きい数値を入力してください」などと表示することができます。表示の仕方を工夫することで、ユーザにとっては使いやすくなります。

この場合、データは「HTML送出→ユーザ入力→JavaScriptでチェック→PHPで受信・チェック→MySQL（データベース）へ保存」と流れていきます。JavaScriptでチェックした場合は、PHPでのチェックは不要に思えるかもしれませんが、サーバ側でのエラーチェックも必要です。なぜなら、JavaScriptが書き換えられたり、バグを利用してサーバ側に悪意あるデータが送出される場合があるからです。サーバサイドでは常に入力値をチェックすることを忘れないでください。

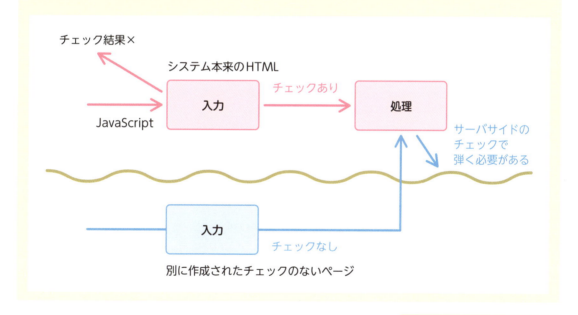

適正体重の計算アプリ②
追加機能とXSS対策

> **THEME テーマ**
> 前セクションで作成したアプリに、さらに機能を追加していきます。適正体重との差の表示とXSS対策です。

体重も入力して項目を追加する

　ここまでのプログラムでは入力項目は身長だけでしたが、今度は体重も入力して、適正体重との差を表示できるようにしてみましょう。まずはHTMLを書き換えて、入力フォームにweightを追加します 図1 。

図1 weight6.html

```html
<!doctype html>
<html lang='ja'>
<head>
  <meta charset='UTF-8'>
  <title>適正体重サンプル</title>
  <link rel='stylesheet' type='text/css' href='./style.css'>
</head>
<form action='weight6.php' method='post'>
  <p>
    <label>身長:</label>
    <input type='text' name='height'>m
  </p>
  <p>
    <label>体重:</label>
    <input type='text' name='weight'>kg
  </p>
  <p class='button'>
    <input type='submit' value='送信する'>
  </p>
</form>
</html>
```

追加された weight の値は、height と同様に $_POST['weight'] で取得できます。

項目がふたつになったのでプログラムを少し整理しましょう。プログラム全体を以下の4パートにわけます 図2 。

図2 プログラム全体

①送信された身長と体重を浮動小数点数に変換
②入力された値が正しい範囲か確認
③必要な計算を実行
④結果の表示を実行

まず全体のソースコードを見てみましょう 図3 。

図3 weight6.php

```php
<?php
// ①の部分
$height = (float) $_POST['height'];
$weight = (float) $_POST['weight'];

// ②の部分
if (!(( 0 < $height ) && ( $height < 3 ))) {
    echo "身長を正しく入力してください。";
    exit;
}
if (( $weight < 30 ) || ( 200 < $weight )) {
    echo "体重を正しく入力してください。";
    exit;
}

// ③の部分
// 適正体重の算出
$goal_weight = $height * $height * 22;
// 適正体重との差
$difference = abs($goal_weight - $weight);

// ④の部分
echo '体重'  . $weight . 'kg<br>';
echo '理想'  . $goal_weight . 'kg<br>';
echo '後' . $difference . 'kg で適正体重です。<br>';
```

memo

制御が増えると、コードの記述が複雑になってしまうのも問題です。P125では正常なケースを先に記述していましたが、可読性を維持するアイデアとして全体を逆に考える発想もあります。ここでは、まずエラーチェックを行い、正しい値の場合のみ処理を行うように変更しました。P125のコードを下記のようなイメージです。

```
if (0 >= $height) {
    // errorなら終了
    exit;
} elseif ($height >= 3) {
    // errorなら終了
    exit;
}
// ここが正しい入力の場合
echo "適正体重は...";
```

正しい場合を先に書きたい気持ちになりがちですが、少し我慢して、間違っている場合の面倒を先に終わらせてしまいましょう。そうすれば、あとのコードで本来の処理の記述に集中できるようになります。

①送信された身長と体重を浮動小数点数に変換

①のパートでは浮動小数点数へのキャストを行いましょう。また値の計算を行うのでそれぞれ変数に格納します 図4 。

図4 キャストして変数へ格納（①の部分）

```
$height = (float) $_POST['height'];
$weight = (float) $_POST['weight'];
```

②入力された値が正しい範囲か確認

②のパートでは入力される数値の範囲を決めて、その範囲外であればエラー表示してプログラムを終了します。取りうる値の範囲は、身長は前セクションと同様に0～3m、体重は30kg～200kgとします。

条件の部分ですが、身長の部分は前セクションと書き方が変わります。今回は条件を満たした場合にエラーでプログラムを終了するので、条件の書き方は前回にtrueとなったケースがfalse、falseとなっていたケースがtrueと、反対にする必要があります。

条件の否定は、条件式の頭に!を付与することによって実現できます 図5 。

図5 条件部分

```
if (!(( 0 < $height ) && ( $height < 3 ))) {
```

図6 !((条件A) && (条件B))がtrueになる範囲

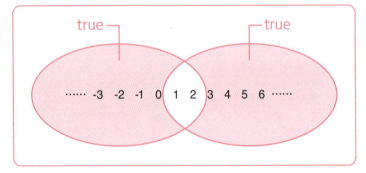

なお、否定を使わずに条件を逆にすることもできます。その場合は、図7 のように||を使います。比較演算子にも=が付きます。

図7 !を使わない場合

```
if (( $height <= 0 ) || ( 3 <= $height )) {
```

weightの処理ではどのような条件になっているか、図を書いてみるなどして考えてみましょう。

③必要な計算を実行

　③のパートは計算です。ここでは、2乗は単純に同じ変数を掛け合わせていますが、**演算子やpow()関数を用いることもできます。ここでは、身長2回と22を掛け算した値を適正体重として、変数 $goal_weight に代入します 図8。

図8　適正体重の算出と代入

```
$goal_weight = $height * $height * 22;
```

　適正体重と入力した体重の差は、引き算して求めます。ここでは、abs()関数 図9 を利用して、絶対値で表示してみます。

図9　abs()関数

abs （数値）	
概要	絶対値を返す
返り値	整数または浮動小数点数
詳細	https://www.php.net/manual/ja/function.abs.php

　差の絶対値を $difference に格納します 図10。

図10　適正体重との差を絶対値にして代入

```
$difference = abs($goal_weight - $weight);
```

④結果の表示を実行

　④のパートではそれぞれ算出した値をechoで表示するだけです。改行などを入れて結果を表示します 図11。

図11　結果の表示

```
echo '体重' . $weight . 'kg<br>';
echo '理想' . $goal_weight . 'kg<br>';
echo '後' . $difference . 'kgで適正体重です。<br>';
```

> **memo**
>
> **演算子は累乗演算子です（P37）。pow()関数はpow(数値，指数)とパラメータを指定することで、数値を指数乗した値を返します。それぞれ、次のように書くと$heightの2乗を算出できます。
>
> $height ** 2;
> pow($height, 2);

それでは、入力フォームからご自身の体重を入れるなどして、プログラムが正しく動作しているか検証してみてください 図12。

100kgや200kgなどと表示されたら明らかに計算が間違えているので、いろいろな値を試してみましょう。

図12 実行結果

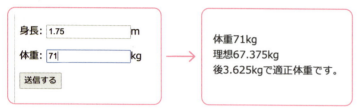

XSS対策を行う

以前にも触れたように、ユーザが入力したデータはそのまま表示してはいけません 。XSS対策を行うために、htmlspecialchars()を使って不要な特殊文字を変換しましょう。

108ページ　Lesson3-03参照。

ここでは、以前に作成したfunctions.php を読み込んで利用します。

117ページ　Lesson3-04参照。

本書ではこの後もこのfunctions.phpを利用していきますので、プログラムファイルと同じディレクトリに設置してください。

別ディレクトリに設置する場合は、たとえば「require_once 'inc/functions.php'」といったように相対パスで指定できますが、後述するように、一般に「__DIR__」を使った書き方をします 。

235ページ　Lesson5-09参照。

プログラムの初めにrequire_onceで読み込み、str2html()で出力する変数をくくります。プログラムは 図13 のようになります。

図13 weight7.php

```php
<?php
require_once 'functions.php';

$height = (float) $_POST['height'];
$weight = (float) $_POST['weight'];

if (!(( 0 < $height ) && ( $height < 3 ))) {
    echo "身長を正しく入力してください。";
    exit;
}
if (( $weight < 50 ) || (200 <$weight )) {
```

```php
    echo "体重を正しく入力してください。";
    exit;
}

// 適正体重の算出
$goal_weight = $height * $height * 22;
// 適正体重までの差
$difference = abs($goal_weight - $weight);

echo '体重' . str2html($weight) . 'kg<br>';
echo '理想' . str2html($goal_weight) . 'kg<br>';
echo '後' . str2html($difference) . 'kgで適正体重です。<br>';
```

　ユーザ入力だけでなく、プログラムで計算した結果もすべて str2htmlで囲んでいます。内容が変動する可能性のある文字は、その出力の最終段階で確実に「HTMLテキストとして適切な形式」にするのが原則です。変数の由来を遡らなくても、ここだけを見て安全を確認できます。

　後々、これ以前のコードに間違ってユーザ入力文字列がそのまま混入するバグが入ってくるかもしれません。そのときに、XSS攻撃されるより、動作を間違うだけで済むほうが、まだよいと言えるでしょう。

　これでプログラムは完成です。うまく動いた場合はプログラムをさらに改造してみましょう。たとえば適正体重との差に絶対値を使わず、if文で条件分岐させ、+なら「適正体重よりxxxkg低いです。」、-なら「xxkg太っています」と表示したりしてみるとよいでしょう。

> **memo**
> 改造したプログラムはweight8.htmlとweight8.phpとしてサンプルデータに収録しています。まずは自分で挑戦してみて、答え合わせのつもりで確認してみてください。

Lesson 3 07 APIを利用したアプリ① 郵便番号検索プログラム

> **THEME テーマ**
> Lesson 3の最後に、APIを活用したアプリを作成してみます。ここでは郵便番号検索APIである「zipcloud」を使用してみましょう。

APIからデータを読み込む

Lesson 3の前半ではCSVファイルからデータを読み込みました。もちろんCSVファイルは制作現場でも現役で使われてはいますが、近年はAPIによるデータの取得が一般的になってきています。そこで、ここではAPIから値を取得して利用する方法を見てみましょう。

APIとは

まず、簡単にAPIについて解説します。APIは「Application Programming Interface」の略です。APIはプログラミング一般で使われる用語で、簡単にいうと、アプリケーションを作成する際に提供されるデータをやり取りする仕組みです。Webで利用するAPIは一般的に「Web API」と呼ばれ、HTTPにてメッセージの要求を行い、**JSON形式**等の応答メッセージを返します 図1 。

図1 Web APIの仕組み

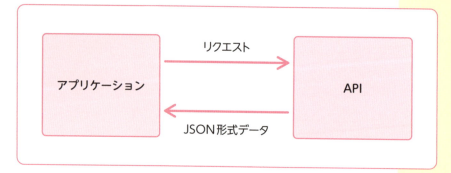

JSONの特徴

JSONは「JavaScript Object Notation」の略で、JavaScriptの構文に従ったデータフォーマットです。JSONは文字列なのでスクリプト言語で扱いやすいという特徴もあり、JavaScript以外でも多くの言語でJSONを扱えます。

API は Yahoo! や Google、X（Twitter）など多くのサービスで利用でき、自分のプログラムと組み合わせて利用することができます。ここでは、郵便番号データ配信サービス**「zipcloud」** 図2 のAPIを利用してみたいと思います。

memo
ここで触れているzipcloudの仕様や利用方法等は、2024年6月時点の情報です。

図2 zipcloud

https://zipcloud.ibsnet.co.jp/

郵便番号検索APIの利用方法を確認する

zipcloud は郵便番号検索 API を提供しており、日本郵便が公開している郵便番号データを検索する機能を **REST形式** で提供しています。

WORD　REST

Representational State Transferの略。HTTPメソッドを用いて情報をリクエストし、XMLやJSONなどの汎用的な形式で応答するシンプルな仕組みのAPIをこう呼ぶ。セッションなどの状態管理を行わず、1回の通信でやりとりが完結するという特徴がある。

利用規約を確認する

まず、どのような API を利用する場合でも、利用規約を確認しましょう。商業利用が不可とされていたり、リクエスト数が制限されていたりといった場合もあります。

zipcloudの郵便番号検索APIの利用規約は次のURLで確認してください 図3 。

図3 郵便番号検索API利用規約

https://zipcloud.ibsnet.co.jp/rule/api

使用方法の確認

次にドキュメントで使用方法を確認しましょう 図4 。

図4 郵便番号検索API使用方法

https://zipcloud.ibsnet.co.jp/doc/api

ドキュメントによると、このAPIでは全国の郵便番号が検索可能となっています。また、ベースとなるURLは 図5 とされています。これにパラメータを付けると前述のようなAPIへのリクエストが行えます。

図5 ベースとなるURL

```
https://zipcloud.ibsnet.co.jp/api/search
```

　リクエストパラメータでは、郵便番号が必須になっています。郵便番号は7桁の数字で、ハイフンはあってもなくてもかまいません 図6 。

図6 リクエストパラメータ

パラメータ名	項目名	必須	備考
zipcode	郵便番号	○	7桁の数字。ハイフン付きでも可。完全一致検索
callback	コールバック関数名	-	JSONP として出力する際のコールバック関数名 UTF-8 で URL エンコードした文字列
limit	最大件数	-	同一の郵便番号で複数件のデータが存在する場合に返される件数の上限値（数字）　※デフォルト：20

　たとえば、郵便番号「101-0051」で検索する場合、APIにリクエストするURLは 図7 のような形式になります。

図7 郵便番号検索APIへのリクエストURL

```
https://zipcloud.ibsnet.co.jp/api/search?zipcode=1010051
```

　このURLにブラウザでアクセスしてみましょう。郵便番号検索APIは会員登録などをしなくても使用できます。
　このURLでリクエストすると、 図8 のような JSON 形式のデータがレスポンスとして返ってきます。

図8 郵便番号検索APIから返ってくるJSON形式のデータ

```
{
    "message": null,
    "results": [
        {
            "address1": "東京都",
            "address2": "千代田区",
            "address3": "神田神保町",
            "kana1": "トウキョウト",
            "kana2": "チヨダク",
            "kana3": "カンダジンボウチョウ",
            "prefcode": "13",
            "zipcode": "1010051"
        }
    ],
    "status": 200
}
```

　このデータの形式が JSON と呼ばれるものす。JavaScript の形式なので少しフォーマットは違いますが、概念的にはこれまでに学んだ配列と同じものです。

JSON形式のデータをPHPで扱う

ではPHPからJSON形式のデータをどう利用するか見てみましょう。いくつか方法がありますが、ここでは **file_get_contents()関数** を使います 図9。

図9 file_get_contents()関数

file_get_contents（ ファイル名 [，インクルードパス使用・不使用の真偽値 [，コンテキストリソース [，読み込み開始オフセット値 [，データの最大バイト数]]]] ）	
概要	ファイルの内容をすべて文字列に読み込む
返り値	文字列（読み込めなかった場合は false）
詳細	https://www.php.net/manual/ja/function.file-get-contents.php

PHPのマニュアルをみるとWebサイトのソースコードを取得するサンプルが載っています。同様の方法で郵便番号検索APIからデータを取得して、var_dump()で出力してみましょう 図10。

図10 api1.php

```php
<?php
$url = "https://zipcloud.ibsnet.co.jp/api/search?zipcode=1010051" ;
$response = file_get_contents($url);
var_dump($response);
```

api1.phpにブラウザからアクセスすると、APIにブラウザで直接アクセスした時と同様にデータが表示されます 図11。

図11 実行結果（ソース表示）

```
string(320) "{
  "message": null,
  "results": [
    {
      "address1": " 東京都 ",

      "kana3": "ｶﾝﾀﾞ ｼﾞﾝﾎﾞ ｳﾁｮｳ",
      "prefcode": "13",
      "zipcode": "1010051"
    }
  ],
  "status": 200
}"
```

140 **Lesson3-07** APIを利用したアプリ① 郵便番号検索プログラム

これでAPIの内容をPHPに取り込むことができそうです。現時点では、var_dump()で値を表示すると、JSON形式でAPIからの返り値が表示されています。

入力フォームを作成する

入力した郵便番号から住所を取得できるように、入力フォームを作成します。適正体重の計算アプリではPOSTメソッドを用いてPHPに値を渡しましたが、今度はGETメソッドで値をPHPに渡しましょう。フォームは図12 図13 のようになります。

図12 api2.html

```html
<!doctype html>
<html lang='ja'>
<head>
  <meta charset='UTF-8'>
  <title>郵便番号サンプル</title>
  <link rel='stylesheet' type='text/css' href='./style.css'>
</head>
<form action='api2.php' method='get'>
  <p>
    <label>郵便番号:</label>
    <input type='text' name='zip'>
  </p>
  <p class='button'>
      <input type='submit' value='送信する'>
  </p>
</form>
</html>
```

図13 表示結果

郵便番号: [   ]

[送信する]

POSTとGETの違い

　ここで、POSTメソッドとGETメソッドの違いについて確認しておきましょう。

　POSTは入力フォームから値をPHPに受け渡します。GETはURLに含まれる変数と値からPHPに値を引き渡します。これまで何度か触れていますが、POSTの値は **$_POST['変数名']** で取得できます。

　これに対してGETは、POSTのような送信メッセージ本文を持ちません。URLは末尾に**「?」**を付け、それ以降にパラメータ名と値のセットを付けます。この部分をクエリパラメータと呼びます。GETメソッドは、このクエリパラメータしか利用できません図14。

図14　GETメソッドでの値の渡し方

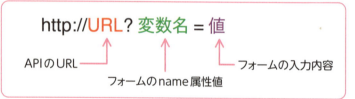

　APIのURLを「https://www.sample.com/」とした場合、アクセス方法は以下のようになります。

```
https://www.sample.com/?zip=1010051
```

　クエリパラメータ値は **$_GET['変数名']** で取得できます。両者の違いを表にまとめると図15のようになります。

図15　POSTとGETの違い

メソッド	内容
POST	新規追加・更新などに使われるHTMLのフォームから渡される。結果をブックマークできない
GET	一覧・詳細表示などに使われるURLにパラメータとして渡される。結果をブックマークできる

郵便番号検索APIにリクエストする

　では、GETで取得した値を使ってAPIを呼び出してみましょう。プログラムを以下のように修正します 図16 。

図16 api2.php

```php
<?php
$url =" https://zipcloud.ibsnet.co.jp/api/search?zipcode=" . $_GET['zip'] ;
$response = file_get_contents($url);
var_dump($response);
```

　ブラウザで先ほどのフォームのHTML「api2.html」にアクセスし、フォームに郵便番号を入力して送信してみてください。すると 図17 のような実行結果が表示されます。

図17 実行結果（ソース表示）

```
string(320) "{
        "message": null,
        "results": [
                {
                        "address1": " 東京都 ",
                        "address2": " 千代田区 ",
                        "address3": " 神田神保町 ",
                        "kana1": "ﾄｳｷｮｳﾄ",
                        "kana2": "ﾁﾖﾀﾞｸ",
                        "kana3": "ｶﾝﾀﾞ ｼﾞﾝﾎﾞ ｳﾁｮｳ",
                        "prefcode": "13",
                        "zipcode": "1010051"
                }
        ],
        "status": 200
}"
```

　先ほどと同様の表示になれば値の引き渡しは成功です。ご自宅の郵便番号などを入れて試してみましょう。なお、この時に先頭の表示がstringになっている点を確認してください。var_dump()は変数の型も返しています。この結果から現在の結果はひとつながりの文字列になっていることがわかります。

結果を整形して表示する

データを取得できたので、結果を整形して表示しましょう。

まず、受け取ったJSON形式のデータをPHPで利用できる型に変換します。PHPには **json_decode()** という関数があり、この関数でJSONの文字列をPHPで利用できる型に変換できます 図18 。

図18 json_decode()関数

json_decode （ JSON文字列 [, 返り値の形式 [, ネストの深さの最大値 [, フラグ]]] ）	
概要	JSON文字列をデコードする
返り値	デコードされたデータ
詳細	https://www.php.net/manual/ja/function.json-decode.php

第2引数の返り値の形式では、データを配列やオブジェクトに変換することができます。今回は配列として取り込むため、trueを設定します。オブジェクトの場合はfalseです 図19 。

図19 api3.php

```php
<?php
$url = "https://zipcloud.ibsnet.co.jp/api/search?zipcode=" . $_GET[' zip'] ;
$response = file_get_contents($url);
$response = json_decode($response, true);
var_dump($response);
```

file_get_contents()関数で取得した$response（この時点では文字列型）を **json_decode()関数** で配列に変換します。ブラウザからフォームに郵便番号を入力して確認してみましょう 図20 。

先頭の部分がarrayに変わり、配列に変換されていることがわかります。あとは配列のアクセスを行えばよいので、それぞれの変数を表示していきましょう。

> **memo**
> 以降では、PHPファイルのコードのみを掲載しますので、HTMLファイルのフォームのactionのリンク先は適宜変更してください（サンプルデータではHTMLファイルをapi○.htmlのファイル名で収録しています）。

図20 実行結果（ソース表示）

```
array(3) {
  ["message"]=>
  NULL
  ["results"]=>
  array(1) {
    [0]=>
    array(8) {
      ["address1"]=>
      string(9) "東京都"
      ["address2"]=>
      string(12) "千代田区"
      ["address3"]=>
      string(15) "神田神保町"

      ["prefcode"]=>
      string(2) "13"
      ["zipcode"]=>
      string(7) "1010051"
    }
  }
  ["status"]=>
  int(200)
}
```

配列の内容を確認する

郵便場号検索APIのドキュメントに書かれたレスポンスフィールドの説明 **図21** と実際の返り値を見てみると、**図22** のような多重構造になっているのがわかります。

図21 郵便番号検索APIレスポンスフィールド

レスポンスフィールド

フィールド名		項目名	備考
status		ステータス	正常時は 200、エラー発生時にはエラーコードが返される。
message		メッセージ	エラー発生時に、エラーの内容が返される。
	--- 検索結果が複数存在する場合は、以下の項目が配列として返される ---		
	zipcode	郵便番号	7桁の郵便番号。ハイフンなし。
	prefcode	都道府県コード	JIS X 0401 に定められた2桁の都道府県コード。
	address1	都道府県名	
results	address2	市区町村名	
	address3	町域名	
	kana1	都道府県名カナ	
	kana2	市区町村名カナ	
	kana3	町域名カナ	

※文字コードはUTF-8です。

レスポンスサンプル

https://zipcloud.ibsnet.co.jp/doc/api

図22 配列の内容

```
array(3) ─┬─ ["message"]
          ├─ ["results"]
          │      └─ array(1) ── [0]
          │                      └─ array(8) ─┬─ ["address1"]
          │                                   ├─ ["address2"]
          │                                   ├─ ["address3"]
          │                                   ├─ ["kana1"]
          │                                   ├─ ["kana2"]
          │                                   ├─ ["kana3"]
          │                                   ├─ ["prefcode"]
          │                                   └─ ["zipcode"]
          └─ ["status"]
```

このプログラムで、address1、2、3を表示してみましょう。

以前も触れたように、2次元配列の値を参照する際は「$変数名 [キー][キー]」という書き方をしました。この配列は3次元配列ですが、3次元以上の配列の場合でも同様に、[キー]を続けて書きます。address1 〜 3は **図23** のように参照できます。

> 70ページ **Lesson2-08**参照。

図23 address1〜3の値の参照

```
住所1：$response['results'][0]['address1']
住所2：$response['results'][0]['address2']
住所3：$response['results'][0]['address3']
```

プログラムを書く

それでは文字列を順に表示してみましょう **図24**。

> **memo**
> 'results'と'address'の間に0があります が、これは同一郵便番号に複数の住所 が割り当てられている場合に、2つ目以 降の住所が[1]以降に割り当てられます。

図24 api4.php

```php
<?php
$url = "https://zipcloud.ibsnet.co.jp/api/search?zipcode=" . $_GET[' zip'] ;
$response = file_get_contents($url);
$response = json_decode($response,true);
echo " 入力された郵便番号は";
echo $response['results'][0]['address1'];
echo $response['results'][0]['address2'];
echo $response['results'][0]['address3'];
echo " の郵便番号です。";
```

146　**Lesson3-07**　APIを利用したアプリ① 郵便番号検索プログラム

実行すると 図25 のように文章で表示されました。これで値の取得、APIの呼び出し、返り値の表示の部分までが完成です。

図25 実行結果

> 入力された郵便番号は東京都千代田区神田神保町の郵便番号です。

さらに次セクションでこの郵便番号プログラムにバリデーションの機能を追加しましょう。

> **POINT**
>
> このプログラムではURLへのアクセスに失敗した場合などは考慮していません。zipcloudのサーバが停止していたり、APIの仕様が変更になりURLにアクセスしてもエラーが返ってきたりするなど、実際に外部のAPIにアクセスする場合はこのようなケースも想定する必要があります。さらに理解を深めたい場合は$http_response_headerやcurlのオプション、エラー処理などを調べてみて、エラーをハンドリングしてみましょう。
>
> https://www.php.net/manual/ja/reserved.variables.httpresponseheader.php
> https://www.php.net/manual/ja/ref.curl.php

ONE POINT: file_get_contentsが利用できない場合

file_get_contents()が利用できない環境もあります。これは、ディレクトリトラバーサルというセキュリティリスクを事前に回避するという意図でサーバ側での利用が停止されていることも多いです。本Lessonで入力値をそのまま渡さないように解説しているのもこのリスクがあるためです。ディレクトリトラバーサルの詳細については、IPA（情報処理推進機構）の「パス名パラメータの未チェック／ディレクトリ・トラバーサル」をご覧ください。

file_get_contents()が利用できない場合はcURLを利用することもできます。cURLはさまざまなプロトコルを通してデータを転送するライブラリです。phpにはcURL用の関数があり、「$response = file_get_contents($url);」を次のように書き換えればcURLでアクセスできます。

$ch = curl_init();
curl_setopt($ch, CURLOPT_URL, $url);
curl_setopt($ch, CURLOPT_RETURNTRANSFER, true);
$response = curl_exec($ch);

※cURLも利用できない場合は、インストールするか別の環境で試してみてください。

パス名パラメータの未チェック／ディレクトリ・トラバーサル（IPA）
https://www.ipa.go.jp/security/vuln/websecurity/parameter.html

cURL用の関数
https://www.php.net/manual/ja/ref.curl.php

APIを利用したアプリ② 郵便番号のバリデーション

> **THEME テーマ**　郵便番号からの住所検索プログラムに、ユーザの入力に問題がないかを確認する機能を追加します。

郵便番号のバリデーション

　適正体重のプログラムでは、身長や体重が想定する範囲内に入っているかどうかのバリデーションを行いました。郵便番号についてもバリデーションを行いましょう。郵便番号検索APIでは、不正な値を受け付けない処理が入っているため、不正な値を渡すとstatusやmessageでエラーを教えてくれます。この値をチェックすればエラーチェックは実装できますが、不要なトラフィックを防ぐためにも、PHPを学ぶ上でも事前に最低限のエラーチェックをかけてみましょう。

正規表現によるエラーチェック

　入力チェックには色々な方法がありますが、ここではそのうちの一つである正規表現によるエラーチェックを解説します。
　正規表現とは、簡単にいうと特定の条件に当てはまる文字列を検索する際に使われる、検索条件の表現方法です。たとえば、エディタなどで検索する際、「abc」で検索したとします。この場合、「abc」は検索にマッチしますが、「abbc」にはマッチしません。「abc」も「abbc」も同時に検索したい場合は正規表現を使います。具体的には「ab+c」とすると、『「a」「1回以上のb」「c」の連続』という形で検索条件を表現できます。正規表現を使う際は **preg_match()関数** 図1 を使います。

> **memo**
> 本書で使用する「ab+c」などの正規表現の記法については、P153にまとめています。

図1 preg_match()関数

preg_match（検索文字列 ， 検索対象文字列 ［，検索にマッチした文字列を格納する配列 ［，フラグ ［，オフセット ］］］	
概要	正規表現によるマッチングを行う
返り値	マッチした場合は 1、マッチしなかった場合は 0、エラーの場合は false
詳細	https://www.php.net/manual/ja/function.preg-match.php

　まずは、「〒101-0051 東京都千代田区神田神保町 1-105」という文字列から郵便番号の数字だけを抜き出すプログラムを見てみましょう。preg_match()関数の**「/ 〜 /」**で囲まれた部分が正規表現で、**「\d」**は 10 進数の数字を、**「{数字}」**は繰り返し数を表します 図2 。実行結果は 図3 となります。

> **memo**
>
> 正規表現の後にあるuはパターン修飾子と呼ばれ、パターンと対象文字列がUTF-8として処理されます。これを指定しないと正しく判定されないケースがあります。

図2 preg_match1.php

```php
<?php
$str = "〒101-0051 東京都千代田区神田神保町 1-105";
preg_match('/\d{3}-\d{4}/u', $str, $match);
var_dump($match);
```

図3 実行結果（ソース表示）

```
array(1) {
  [0]=>
  string(8) "101-0051"
}
```

> **memo**
>
> 「\」（バックスラッシュ）は、Windowsでは「¥」キー、Macではoption+「¥」キーで入力します。Windowsをご利用の場合、エディタのフォント環境によっては「\」ではなく「¥」と表示される場合があります。Visual Studio Code（P18）の場合は「\」で表示されます。本書では「\」と表記します。Visual Studio Code以外の「¥」で表示されるエディタをご利用の場合は、「\」を「¥」に読み替えてください。

　この preg_match()関数では、$str から「数字 3 文字・半角ハイフン・数字 4 文字」の文字列を探し、マッチした場合は $match に代入しています。

　実行結果では、郵便番号の部分だけ抜き出されました。番地の部分も数字がハイフンで繋がっていますが、そちらは文字数が違うために取得されません。

試しに、$str に代入する文字列を "〒1010051 東京都千代田区神田神保町111-1111" に変えてみましょう。すると 図4 のような実行結果が得られます。

図4 実行結果（ソース表示）

```
array(1) {
  [0]=>
  string(8) "111-1111"
}
```

後ろの111-1111が返ってきますが、前の1010051は返ってきません。つまり、数字3文字・半角ハイフン・数字4文字のパターンにマッチしたものを返してきていることがわかります。最後に、住所を "東京都千代田区神田神保町" と、わかりやすく郵便番号も番地も除いて実行してみます 図5 。

図5 実行結果（ソース表示）

```
array(0) {
}
```

今度は $match が空の配列となりました。のちほど触れますが、値が空ということは、false として判定できますので、この仕組みを使ってバリデーションを行うことができます。

バリデーションのやり方を考える

では、まずは今回の郵便番号の仕様を確かめてみましょう。仕様は数字7桁で、ハイフンは除きます。ということは数字の7桁チェックを行えばよいので、図6 の書き方でチェックできます。

図6 数字7桁のチェック

```
preg_match('/\d{7}/u', $str, $match);
```

> **memo**
> 書き換えた状態のファイルは「preg_match2.php」のファイル名でサンプルデータに収録しています。

> **memo**
> 書き換えた状態のファイルは「preg_match3.php」のファイル名でサンプルデータに収録しています。

数字のチェックができるか確認する

まずは数字のチェックを行えるかテストしてみましょう。$rtn、$rtn2、$rtn3 に preg_match()関数の返り値を格納して、var_dump()で出力しています 図7 。

図7 preg_match4.php

```php
<?php
$str = "1234567";
$rtn = preg_match('/\d{7}/u', $str, $match);
$str2 = "あいうえお";
$rtn2 = preg_match('/\d{7}/u', $str2, $match2);
$str3 = "111-1111";
$rtn3 = preg_match('/\d{7}/u', $str3, $match3);

echo "結果 1";
var_dump($rtn);
echo "結果 2";
var_dump($rtn2);
echo "結果 3";
var_dump($rtn3);
```

実行結果は次のようになります 図8 。

図8 実行結果（ソース表示）

```
結果 1int(1)
結果 2int(0)
結果 3int(0)
```

P149 の preg_match()関数の返り値の欄にもあるように、正規表現にマッチした場合は「1」、マッチしなかった場合は「0」が返ってきます。

今回は1番目だけ1が返ってきたので、うまくいったように見えます。では次の例はどうなるでしょうか 図9 。

図9 preg_match5.php

```php
<?php
$str = "12345678";
$rtn = preg_match('/\d{7}/u', $str, $match);
$str2 = "1234567 あ";
$rtn2 = preg_match('/\d{7}/u', $str2, $match2);
$str3 = "111-1234567";
$rtn3 = preg_match('/\d{7}/u', $str3, $match3);

echo "結果 1";
var_dump($match);
echo "結果 2";
var_dump($match2);
echo "結果 3";
var_dump($match3);
```

　今度は、var_dump()で表示する内容を第3引数の変数$match、$match2、$match3にしました。第3引数はマッチした場合にその文字列が入ります。実行結果は次のようになります 図10 。

図10 実行結果（ソース表示）

```
結果1array(1) {
  [0]=>
  string(7) "1234567"
}
結果2array(1) {
  [0]=>
  string(7) "1234567"
}
結果3array(1) {
  [0]=>
  string(7) "1234567"
}
```

152　Lesson3-08　APIを利用したアプリ② 郵便番号のバリデーション

すべての文字列で同じ結果が返ってきてしまいました。本来は
どれも弾いてほしいにもかかわらず、数字7桁と判定されてしまっ
ています。

1番めの12345678の例は、先頭の1234567が数字7桁です（は
じめにマッチしたものを抜き出します）。

2番めはひらがなの「あ」を除いた部分は数字が7桁です。3番め
の例はハイフン以降に数字7桁が存在します。「'/\d{7}/'」とする
と、これらの部分で数字7桁としてマッチしてしまいます。

正規表現の部分を修正する

preg_match()で判定するためには、正規表現の書き方を調整
する必要があります。正規表現はおもに図11のような書き方を
することができます。

今回の場合、数字7桁の前後になにもついていない状態をマッ
チさせたいので、「数字7桁で始まって終わる」という書き方にす
ればよいでしょう。文字列の先頭を表す「\A」と、文字列の最後を
表す「\z」を組み合わせます。

では、プログラムに組み込んでみましょう 図12。

図11 正規表現（一部）

表現	意味
/ /	// で囲まれた部分に正規表現が入る（デリミタ）
/ /u	UTF-8 として処理する
\A	文字列の先頭
\z	文字列の最後
[ ]	文字クラスの定義（[0-5] と書くと 0 ～ 5 までの数字）
^	否定（[^0-5] と書くと 0 ～ 5 の数字以外のすべての文字）
\d	0 ～ 9 の数字
\w	英数字
\r・\n・\R	改行
[:cntrl:]	制御文字（POSIX 文字クラス）
+	1 文字以上の繰り返し
*	0 文字以上の繰り返し
{}	{} の直前のパターンの有効桁（文字）数

memo

正規表現の詳細については、PHPのマ
ニュアルをご覧ください。

https://www.php.net/manual/ja/
reference.pcre.pattern.syntax.php

図12 preg_match6.php

```php
<?php
$str = "12345678";
$rtn = preg_match('/\A\d{7}\z/u', $str);
$str2 = "1234567 あ";
$rtn2 = preg_match('/\A\d{7}\z/u', $str2);
$str3 = "111-1234567";
$rtn3 = preg_match('/\A\d{7}\z/u', $str3);
$str4 = "1234567";
$rtn4 = preg_match('/\A\d{7}\z/u', $str4);

echo "結果 1";
var_dump($rtn);
echo "結果 2";
var_dump($rtn2);
echo "結果 3";
var_dump($rtn3);
echo "結果 4";
var_dump($rtn4);
```

　今回は、preg_match()関数の返り値をvar_dump()で出力しています。結果を見てみましょう 図13 。

図13 実行結果（ソース表示）

```
結果1int(0)
結果2int(0)
結果3int(0)
結果4int(1)
```

　今度は最後の結果4だけ1が返ってきました。これで数字7桁のチェックができたようです。

APIのプログラムに組み込む

　では、前セクションまで作成したプログラムに組み込んで、APIへ渡す前に数字7桁かどうかをチェックできるようにしましょう 図14 。

154　Lesson3-08　APIを利用したアプリ② 郵便番号のバリデーション

図14 api5.php

```php
<?php
$rtn = preg_match('/\A\d{7}\z/u', $_GET['zip']);
if (!$rtn) {
    echo "郵便番号は数字7桁で入力してください。";
    exit;
}
$url =" https://zipcloud.ibsnet.co.jp/api/search?zipcode=" . $_GET['zip'];
$response = file_get_contents($url);
$response = json_decode($response,true);
echo "入力された郵便番号は";
echo $response['results'][0]['address1'];
echo $response['results'][0]['address2'];
echo $response['results'][0]['address3'];
echo "の郵便番号です。";
echo $response['message'];
```

さきほど検証を進めた正規表現を利用しています。マッチしたときにpreg_match()関数の返り値を格納した$rtnは1になります。
if文の条件では、 図15 のように記述しています。

図15 if文の条件

```php
if (!$rtn) {
```

「!」は否定の意味なので、「$rtn」がfalseであれば{ }内の処理を実行する、という意味です。
条件に変数を使用する際、変数の内容が真偽値でなくても、以下のような値はfalseと判定され、それ以外の値はtrueと判定されます。

- 真偽値のfalse
- 整数(int)の0または-0
- 浮動小数点数(float)の0.0および-0.0
- 空の文字列、および文字列の"0"
- 要素の数がゼロである配列
- **null**（値がセットされていない変数を含む）
- 空のタグから作成されたSimpleXMLオブジェクト

preg_match()関数の場合、マッチした場合は返り値が1、マッチしなかった場合は0、エラーの場合はnullとなるので、そのまま条件判定に利用できます。なお、マッチした文字列を配列で格納

WORD　null

PHPで定義されている特別な定数です。なお、null型の値は一つだけです。具体的には以下の場合に値がnullとなります。

・定数 null が代入されている場合
・まだ値が何も代入されていない場合
・unset() されている場合

空の文字列""や0など何も登録されていない状態もnullとなります。

する第3引数の$matchも、マッチしない場合は要素の数がゼロである配列となるので、そのまま条件判定に使用できます。HTMLをフォームからapi6.phpにデータを渡すように変更して、いろいろな値を入力して試してみましょう 図16 ～ 図18 。

図16 実行結果（12345678を入力した場合）

郵便番号は数字7桁で入力してください。

図17 実行結果（123456を入力した場合）

郵便番号は数字7桁で入力してください。

図18 実行結果（1000011を入力した場合）

入力された郵便番号は東京都千代田区内幸町の郵便番号です。

zipが設定されていない場合に対処する

api5.php にブラウザで直接アクセスしてみましょう。次のような Warning が出るはずです 図19 。

図19 直接PHPファイルにアクセスした場合

Warning: Undefined array key "zip" in
C:¥xampp¥htdocs¥phpbook¥api5.php on line **2**
郵便番号は数字7桁で入力してください。

ここまでのプログラムではHTMLのフォームから郵便番号を入力する仕組みになっていたのでこのような Warning は表示されませんが、せっかくなのでこの Warning が表示されないように対処してみましょう。Web アプリケーションではよく使われる処理です。

Warningへの対処

Warning には「**Undefined array key "zip"**」と表示されています。つまり、PHP が受け取った配列にキー「zip」が存在しないという Warning です。これは、zip が存在しないにも関わらず、「**$_GET['zip']**」で参照していることから発生します。そのため、まず if 文で「$_GET['zip']」が存在するか確認し、存在しない場合はメッ

156 **Lesson3-08** APIを利用したアプリ② 郵便番号のバリデーション

セージを表示する形にすれば、Warning は表示されなくなります。

変数が設定されているか否かどうかは、**isset()** で判定できます 図20 。

図20 isset()

isset（調べたい変数 , ...）	
概要	変数が宣言されていること、そして NULL とは異なることを検査する
返り値	変数が存在し、NULL 以外の値をとれば true、そうでなければ false
詳細	https://www.php.net/manual/ja/function.isset.php

isset() は変数が正しく設定されていない場合は false を返すので、!（条件の否定）を加えて 図21 のように if 文を書けばいいでしょう。

> **memo**
> isset()は、厳密には関数ではなく言語構造です。

図21 if文の条件

```
if (!isset($_GET['zip']))
```

このif文内の処理で、$_GET['zip'] が設定されていない状態でPHPへアクセスされた場合にメッセージを表示できます。最終的なコードは 図22 のようになります。

図22 api6.php

```php
<?php
if (!isset($_GET['zip'])) {
    echo "zip を設定してください。";
    exit;
}
$rtn = preg_match('/\A\d{7}\z/u', $_GET['zip'], $match);
if (!$rtn) {
    echo "郵便番号は数字 7 桁で入力してください。";
    exit;
}
$url = "https://zipcloud.ibsnet.co.jp/api/search?zipcode=" . $_GET[' zip' ] ;
$response = file_get_contents($url);
$response = json_decode($response,true);
echo "入力された郵便番号は ";
echo $response['results'][0]['address1'];
echo $response['results'][0]['address2'];
echo $response['results'][0]['address3'];
echo " の郵便番号です。";
echo $response['message'];
```

直接api6.phpにブラウザでアクセスしてみましょう 図23 。

図23 実行結果

> zipを設定してください。

これで完成です。正規表現による入力データのチェックはよく使われるので、基本的な使い方を覚えておきましょう。

> **memo**
>
> 現在のプログラムでは、存在しない郵便番号を入力するとWarningが返ります。このエラーには$response['results']の値を判定すれば対処できます。適切なエラーメッセージを表示するなど、チャレンジしてみましょう(対処した状態のファイルはダウンロードデータに「api7.php」のファイル名で収録しています)。

ONE POINT

PHP8から追加された関数

2020年11月にPHPのバージョンが8にアップデートされました。最大の目玉は、JITと呼ばれる技術が導入されたことで、実行速度が改善した点です。ほかにもさまざまな機能追加などが行われていますが、ここでは文字列の判定で導入された3つの新しい関数を紹介します。

- str_contains()：ある文字列が含まれているかを調べる
- str_starts_with()：ある文字列で始まるかを調べる
- str_ends_with()：ある文字列で終わるかを調べる

すべて真偽値を返すタイプの関数です。第1引数に調べたい対象の文字列、第2引数に検索文字列を指定します 図24 。具体的にコードを見てみましょう 図25 。

この場合は関数の返り値はすべてtrueとなり、図26 のように表示されます。PHP8が使用できる環境で、単純な検索条件であれば、preg_match()関数で正規表現を使用するよりも簡単に記述できます。

図24 PHP8で追加された新しい3つの関数

- str_contains()
  https://www.php.net/manual/ja/function.str-contains.php
- str_starts_with()
  https://www.php.net/manual/ja/function.str-starts-with.php
- str_ends_with()
  https://www.php.net/manual/ja/function.str-ends-with.php

図25 3つの関数のコード例

```php
<?php
$str = " 初心者からちゃんとしたプロになる PHP 基礎入門 ";
echo '「'.$str.'」は、<br>';
if (str_contains($str, 'プロ')){
    echo '「プロ」が含まれています。<br>';
}
if (str_starts_with($str, '初 ')){
    echo '「初」から始まります。<br>';
}
if (str_ends_with($str, '門 ')){
    echo '「門」で終わります。<br>';
}
```

図26 実行結果

> 「初心者からちゃんとしたプロになるPHP基礎入門」は、
> 「プロ」が含まれています。
> 「初」から始まります。
> 「門」で終わります。

Lesson 4

データベースを
操作する

PHPを利用したサーバサイドプログラミングが最も必要と
される場面が、データベースとのデータのやりとりです。
ここではデータベースの仕組みと使い方になれるため、
phpMyAdminからMySQLを使用してみます。

準備 　基礎 　練習 　実践

データベースについて

THEME テーマ PHPによるサーバサイドプログラミングにおいて、データベースの知識は欠かせません。まずは基本的なデータベースの操作を身につけていきます。

データベースとは

読者の皆さんは普段から**データベース**という言葉に馴染みがあることでしょう。たとえば、以下のような会話でよく使われます。

- その情報は社内データベースにあります
- 人気ラーメンデータベースで調べたお店がおいしかった
- 顧客データベースで履歴を調べてみて

実際に保存されている形式には色々なものがありますが、一般的にデータが集約され調査や整理がしやすくなっているものをデータベースと呼びます。図1。

図1 データベースの役割

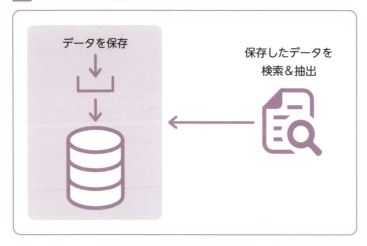

データベースは単純にデータが保存されているのではなく、利用しやすいように組織化されています。

かつてはデータベースは高価なものでしたが、現在は手軽に利用できるようになっています。データベースのソフトウェアも無料で手に入り、PHPから簡単に利用することができます。Lesson 4では、データベースの概要と基本的な操作を学びます。その知識をもとにLesson 5でPHPからの利用方法について学びます。

データベースの種類

データベースはおもにデータの構造で種類が分けられます。階層型やネットワーク型など、さまざまな構造がありますが、近年は**リレーショナルデータベース(以下、RDB)**と**NoSQL**に大別されます。

前者のRDBは、一般に**SQL**という言語を用いて操作します。SQLは「Structured Query Language」の略で、直訳すると「構造化問い合わせ言語」です。

後者のNoSQLは「Not only SQL」の意味です。大まかには、現在利用されているデータベースのうちRDB以外のものを指します。

では、それぞれの特徴を見てみましょう。

RDBの特徴

RDBでは、表計算のような2次元のテーブルにデータを保存します。テーブルがそれぞれリレーション(関係)を持ち、複雑なデータ構造を取り扱えます。SQLという問い合わせ言語を用いて結果の取り出しを行います **図2**(次ページ)。

図2 リレーショナルデータベースの概念

テーブル名：books

書籍名	ISBN	定価	発売日	著者名
PHPの本	9994295001249	980	2024-9-1	佐藤
XAMPPの本	9994295001250	1,980	2024-4-29	鈴木
MdNの本	9994295001251	580	2024-4-30	高橋
2024年の本	9994295001251	2,800	2024-1-1	田中

SQL文で「著者名」が「鈴木」のデータを抽出
SELECT * FROM books WHERE '著者名' = '鈴木'

　図ではテーブルが1つだけですが、RDBでは複数のテーブルを関連付けて使用することができます。これがリレーショナル（関係）データベースと呼ばれる理由です。
　代表的なRDBのデータベースには次のようなものがあります。

- Oracle Database
- MySQL
- SQL Server
- PostgreSQL

　詳しくは次セクションで触れますが、本書で扱うのはXAMPPに搭載されいるMySQLの一種である**MariaDB**図3です。

図3 MariaDB

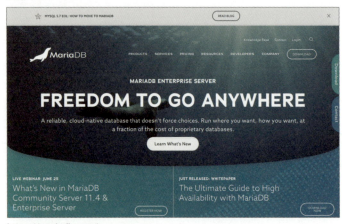

https://mariadb.com/

NoSQLの特徴

　本書では詳しくは触れませんが、NoSQLデータベースの特徴も見ておきます。

　NoSQLは前述のように、大まかに「RDB以外のデータベース」を指します。データの構造はまちまちで、キーバリュー型 図4 、カラムストア型 図5 、ドキュメント型といった形式があります。比較的単純な形式で、ほかのデータ群とのリレーションがありません。

　シンプルな構造であるため、プログラムから直接扱いやすいという特徴もあります。シンプルであるぶん、大量のデータや高速化が必要な場合などでの利用が増えています。代表的なNoSQLには以下のようなものがあります。

- Redis（キーバリュー型）
- MongoDB（ドキュメント型）
- Cassandra（カラムストア型）
- Memcached（キーバリュー型）

　RDBもNoSQLのどちらにも一長一短があり、それぞれのシステムによって特徴があります。また機能によって1つのアプリケーションで複数を利用する場合もあります。それでは、次セクションでデータベースを使用する準備をしていきましょう。

図4　Memcached（キーバリュー型）

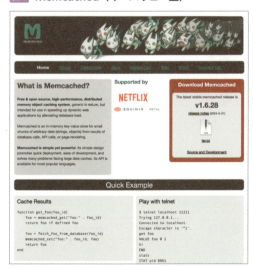

https://memcached.org/

図5　Cassandra（カラムストア型）

https://cassandra.apache.org/

MySQLでデータベースを作成する準備

THEME テーマ では、実際にデータベースを使用していきましょう。まずはphpMyAdminでデータベースにデータを保存する準備をします。

MySQLとMariaDB

本書では **MySQL** を PHP から利用することを目標にします。MySQLはオープンソースのRDBで、数あるRDBの中でも高いシェアを誇っています。

MySQLから**フォーク**されたデータベースにMariaDBがあります。MariaDBは完全な **GPLライセンス** ですべてを利用可能で、基本機能には互換性があります。

本書では、XAMPPにすでにインストールされているMariaDBを利用します。なお、XAMPP上ではMariaDBが「MySQL」と表示される箇所がありますが、本書の解説範囲のなかであれば2つの差異を意識する必要はありません。

データベースの種類

XAMPPには**「phpMyAdmin」**というMySQL（MariaDB）を利用するアプリケーションがインストールされています。まずはphpMyAdminのURL（http://localhost/phpmyadmin）にアクセスしてみましょう 図1。

phpMyAdminが表示されない場合

phpMyAdminの画面が表示されない場合は、XAMPP上でMySQLが起動していない可能性が考えられます。XAMPPのコントロールパネルで「MySQL」を確認し⇨、起動していない場合は「Start」ボタンをクリックして起動してください 図2。

WORD フォーク
ソフトウェアが派生して新たなソフトウェアを生成すること。

WORD GPLライセンス
ソフトウェアの利用許諾条件などを定めたライセンスの一つで、主にオープンソースのソフトウェアを開発・配布するためのもの。

memo
MySQLはMySQL AB社が開発していましたが、MySQL AB社が当時のサン・マイクロシステムズ（現オラクル）に買収されたことから、MySQL AB社の創設者がMySQLからフォークして立ち上げたのがMariaDBです。

memo
XAMPPを起動したときに表示される、ダッシュボード（http://localhost/dashboard/）の右上のリンクからもphpMyAdminにアクセスできます。

⇨ 13ページ **Lesson1-01**参照。

図1 phpMyAdmin

http://localhost/phpmyadmin/

図2 XAMPPのコントロールパネル

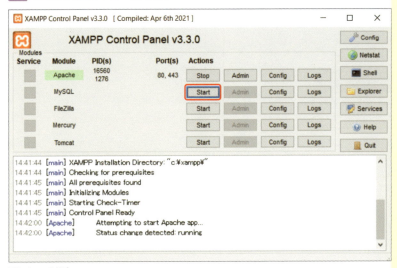

Windowsの場合

データベースの設定を行う

　データベースの設定をphpMyAdmin上で行っていきます。まず、データベースの構造を確認しましょう。次ページにある 図3 を見てください。

図3 データベースの構造

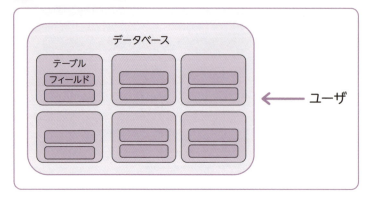

　ここで言うデータベースはテーブルの集まりです。Excelに例えるとブックにあたります 図4 。

図4 表計算ソフトとの比較

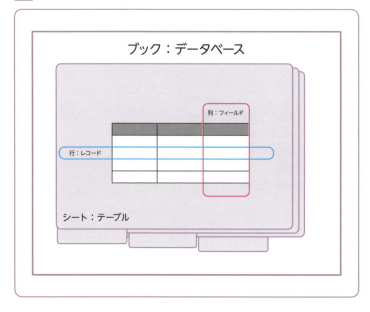

データベースとテーブルを作成する

　まずはデータベースとテーブルを作成します。ステップバイステップで手順を追っていきましょう。

❶phpMyAdminの「データベース」タブをクリックします 図5 。

図5 「データベース」タブをクリック

❷データベース名に「sample_db」と入力して「作成」ボタンをクリックします図6。なお、「utf8mb4_general_ci」の欄はそのままでかまいません。

図6 データベース名を入力して「作成」ボタンをクリック

❸画面がテーブルの作成に移行します。テーブル名を「books」、カラム（フィールド）数を「6」に設定して「作成」ボタンをクリックします図7。

図7 テーブルの作成

❹6つのカラムを設定していきます。図8のように設定しましょう。

図8　テーブルの作成

名前	データ型	長さ / 値	その他
id	INT（整数）	空欄	A_Iにチェック
title	VARCHAR（文字列）	200	
isbn	VARCHAR	13	
price	INT	6	
publish	DATE（日付）	空欄	
author	VARCHAR	80	

> **memo**
> A_Iにチェックを入れると「インデックス」が自動的に「PRIMARY」（主キー＝別のレコードと重複不可・nullも不可に設定することで、あるレコードを確実に特定できる）に設定されます。ここでは「PRIMARY」のままにしておきましょう。

idのみ**「A_I」（オートインクリメント）**にチェックを入れてください。オートインクリメントに設定すると、行の追加時に値を省略した場合に、自動的にカウントアップしながら数値を設定してくれます。

❺入力が終わったら、スクロールして「保存する」ボタンをクリックします図9。

図9　カラムを設定

❻これでテーブルが作成できました。次のようなテーブルの画面が表示されます図10。

図10 テーブルが完成

> memo
> XAMPPのバージョンによっては、phpMyAdminの操作やメニューの文言が変わることがあります。ここで解説しているのは2024年6月時点での最新バージョン8.2.12です。

ユーザを作成する

次は利用するためのユーザを作成しましょう。PHPから利用する場合、このユーザを利用してデータベースにアクセスします。

まず、左上のphpMyAdminのロゴをクリックしてホームに戻りましょう。

❶ 左ペインより作成したsample_dbをクリックします 図11 。続いて上のメニューから「権限」>「ユーザアカウントを追加する」をクリックします 図12 。

図11 sample_dbをクリック

図12 権限>ユーザアカウントを追加する

❷以下のように項目を設定して、最下部にある「実行」ボタンをクリックします 図13 。

- ユーザ名：**phpuser**
- ホスト名：**localhost**（%は削除）
- パスワード：任意に入力するか下の「パスワードを生成する」で生成するとよいでしょう。パスワードは後ほど利用しますので控えておいてください。
- ユーザアカウント専用データベース：「データベース sample¥_db へのすべての権限を与える。」をチェック
- グローバル権限：「データ」のみチェック

図13 項目を設定

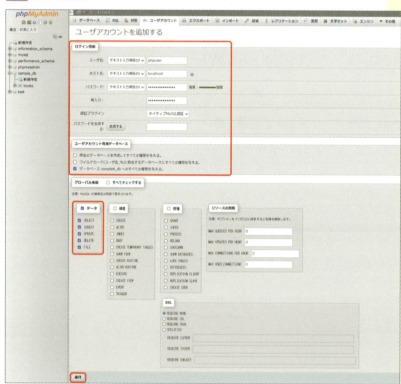

❸「新しいユーザを追加しました。」と表示されればユーザの作成が完了です 図14 。

図14 「新しいユーザを追加しました。」と表示

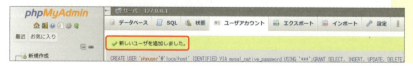

設定した接続に必要な情報

以下に接続に必要な情報をまとめておきます。

- ユーザ名：phpuser
- ホスト名：localhost
- パスワード：任意 or 生成されたもの
- データベース名：sample_db
- テーブル名：books

　これらの情報を利用してPHPからデータベースにアクセスします。パスワードがわからなくなってしまった場合は、上のメニューの「ユーザアカウント」をクリックして表内の「phpuser」の右側にある「権限を編集」のリンクをクリックします 図15。

　画面上部に「Change password」のリンクが表示されるので、クリックしてパスワードを変更できます 図16。

図15 「ユーザアカウント＞権限を編集」をクリック

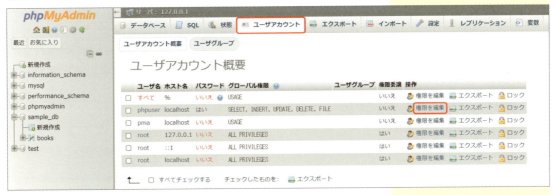

図16 パスワードを変更する

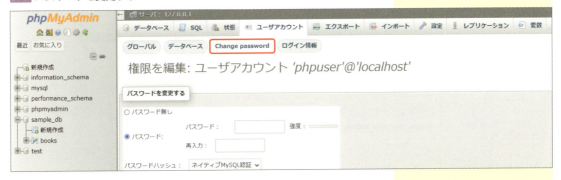

　では、次セクションでデータベースにデータをインポートして操作してみましょう。

Lesson 4-03 SQL文でデータベースを操作する

THEME テーマ
ここでは、実際にデータベースにデータを流し込み、SQL文でデータの抽出・追加・変更・削除を行ってみます。

データベースにデータを読み込む

それでは、まずは以前テストデータとして利用したCSVファイル「bookdata.csv」図1 ➡ をデータベースに読み込ませてみましょう。

> 94ページ Lesson3-01参照。

図1 bookdata.csv

```
PHPの本 ,9994295001249,980,2024-9-1,佐藤
XAMPPの本 ,9994295001250,1980,2024-5-29,鈴木
MdNの本 ,9994295001251,580,2024-4-30,高橋
2024年の本 ,9994295001252,2800,2024-1-1,田中
```

> **memo**
> bookdata.csvの1行目にP112で追加した行がある場合は、削除しておきましょう。

> **memo**
> 環境の違いなどでcsvファイルが追加できない場合は、P178のデータの追加を参照して、手動でbookdata.csvのサンプルデータを追加してみましょう。

❶phpMyAdminの左ペインで、「sample_db」のテーブル「books」を選択し、「インポート」をクリックします 図2 。

図2「インポート」をクリック

❷「ファイルを選択」をクリックして 図3、読み込む「bookdata.csv」ファイルを選択します 図4。

図3 「ファイルを選択」をクリック

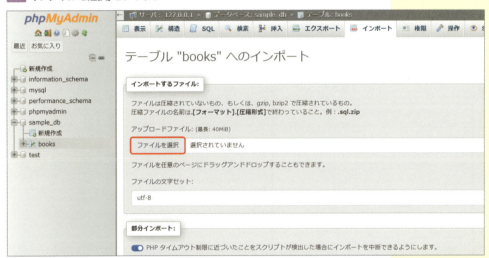

図4 「bookdata.csv」ファイルを選択

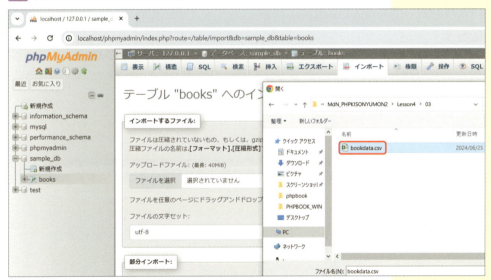

❸設定フィールドが表示されるので、次のように設定します。カラム名は、テーブルで設定した名前に合わせます 図5。

- フォーマット：**CSV**
- カラムの区切り記号：**,**
- カラム囲み記号：空欄
- カラム名：**title,isbn,price,publish,author**
  ※idはオートインクリメントによる自動設定になるので不要です。

図5 設定フィールド

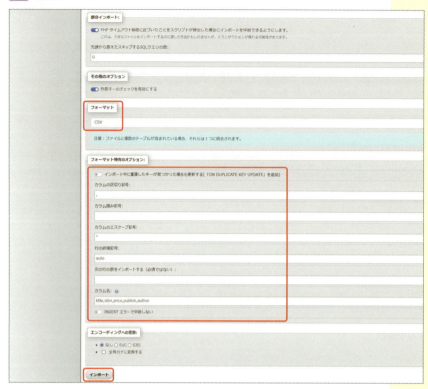

❹設定が終わったら、画面最下の「インポート」ボタンをクリックします。インポートに成功すると、図6のような画面になります。

図6 インポートが成功

エラーが発生した場合はメッセージを読んで対応しましょう。特にカラム名はスペルミスをするとエラーになるので注意してください。

インポートされたデータを確認する

では、データが正しくインポートされたか確認します。

phpMyAdminの左ペインからsample_dbの「+」をクリックしてテーブル一覧を表示してから、「books」テーブルをクリックします。

画面にデータ一覧が表示されます 図7 。

図7 インポートされたデータ

このようにphpMyAdminはブラウザ上でデータを取り扱うことができます。

データベースからデータを抽出する

PHPからデータベースを扱う場合、これまで何度か触れてきたSQL言語を利用します。まずはこのSQL言語を使ってみましょう。

phpMyAdminの画面からSQLを試すことができます。上部メニューの「SQL」をクリックすると、 図8 の画面が表示されます。

図8 phpMyAdminの「SQL」画面

このテキストエリアにSQL文を入力すると、SQL文を実行できます。

または、画面の下に表示されている「コンソール」タブからコンソールを開き、そこに直接SQL文を入力することもできます。使いやすいほうで実行してみましょう。

ではSQLページ図9、またはコンソール図10 で「SELECT * FROM books;」を実行します。すると図11のように表示されます。

図9 SQLページで実行

図10 コンソールで実行

図11 実行結果

SELECT文を使用する

SQL文の内容を見てみましょう。先ほど実行したSQL文は 図12 のような構造になっています。

図12 SELECT文の構造

```
SELECT フィールド名 FROM テーブル名;
```

「SELECT」はデータを抽出するときに利用するコマンドです。フィールド名には『*』を利用しましたが、この「*」は「すべてのフィールド」という意味です。「FROM」は抽出対象となるテーブルを指定します。つまり、「SELECT * FROM books」は「booksテーブルのすべてのフィールドを抽出せよ」という意味になります。

> **memo**
> SQLのコマンドは小文字で書いても同様に動作します。ただし、一般的には大文字で書いたほうが見た目がわかりやすくなるとされています。

フィールドを指定する

さらに、いくつかSQLのコマンドを試してみましょう。「*」はすべてのフィールドを抜き出す便利な書き方ですが、プログラムの中で利用する場合は、実際に使用するフィールドのみを指定したほうがよいでしょう。フィールドを指定する場合は 図13 のように書きます。

図13 フィールドを指定したSELECT文

```
SELECT title, author FROM books;
```

SQLを実行して表示を確認してみましょう 図14 。

図14 実行結果

SQLで指定したフィールド（titleとauthor）だけが表示されるのが確認できました。

データベースにデータを追加する

続けて、データの追加を行ってみましょう。まず、phpMyAdminで追加してみます。上部のメニューから「挿入」をクリックします。入力フォームが出てくるので次の値を入力しましょう。idは自動設定されるので空欄でかまいません 図15 図16 。

図15 入力するデータ

カラム名	値
title	データベースの本
isbn	1234567890123
price	2200
publish	2024-02-10
author	田中

図16 データベースにデータを追加

「実行」をクリックするとデータが挿入され、図17 のようなSQL文が画面に表示されます。

図17 表示されるSQL文

INSERT INTO `books` (`id`, `title`, `isbn`, `price`, `publish`, `author`) VALUES (NULL, 'データベースの本', '1234567890123', '2200', '2024-02-10', '田中');

これが挿入のSQL文です。フォームに入力した情報が展開されているのがわかるでしょう。このSQL文は図18のような構造になっています。

図18 INSERT文の構造

```
INSERT INTO テーブル名 ( フィールド名1, フィールド名2, ...) VALUES ('値1', '値2', ...);
```

フィールドと値は複数指定することができますが、その場合は()の中の順番を合わせる必要があります。

なお、phpMyAdminが出力するSQL文には2つの特徴があります。フィールド名やテーブル名が「`」(バッククォート)で囲まれている点と、値が数値の場合も「'」(シングルクォート)で囲まれている点です。

バッククォートはなくても動作するので、本書では実際に入力する際はバッククォートは省略します。また、値が文字列の場合は「'」が必須ですが、int型の数値の場合は文字型との区別がつきづらくなり、内部で型変換の処理も必要になるので、「'」でくくらないほうがよいでしょう。

> **memo**
> バッククォートはShift+@キーで入力できます。SQL文はフィールド名等をバッククォートで囲まなくても動作しますが、「`」で囲むとMySQLの予約語 (MySQLで特別な意味をもつ語) がフィールド名やテーブル名に使われている場合も処理できるため、「`」で囲んだほうが汎用性が高いSQL文になります。ただし、通常は予約語をフィールド名やテーブル名に使うことは避けるべきです。
> MySQLの予約語については、下記のページをご覧ください。
>
> ◎日本語のマニュアル
> https://dev.mysql.com/doc/refman/8.0/ja/keywords.html
> (※バージョン8.0のものです)

INSERT文を使用する

では、INSERT文でデータを追加してみましょう。図19のように書きます。

図19 実行するINSERT文

```
INSERT INTO books (id, title, isbn, price, publish, author) VALUES (NULL, 'データベースの本2', 1122334455667, 2600, '2024-5-18', '伊藤');
```

idにNULLを指定することで、自動連番の作成にゆだねることができます(NULLは空を意味します)。

また数値の部分ではシングルクォーテーションは削除しています。成功すると図20のように表示されるはずです。

図20 実行結果

「1行挿入しました。」と表示されましたね。結果もSQL文で確認してみましょう 図21 図22 。

図21 結果を確認するSQL文

```
SELECT title, author FROM books;
```

図22 実行結果

追加したタイトルと著者が表示されているのが確認できます。

データベースのデータを更新する

さらに、データの更新方法も確認しましょう。これまでと同様に左ペインから「sample_db」→「books」を選択します 図23 。データの一覧が表示されるので、さきほど追加した「データベース本2」の「編集」をクリックして編集画面を表示します。

図23 「books」を選択して「編集」をクリック

通常のフォームの感覚で修正ができるので、titleを「データベースの本改訂版」、著者名を「吉田」に変更して実行してみましょう 図24 。すると 図25 のように表示されます。

図24 「データベース本2」の編集画面を表示

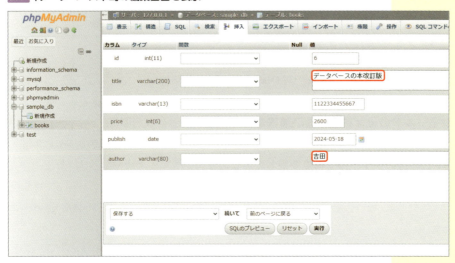

図25 実行結果

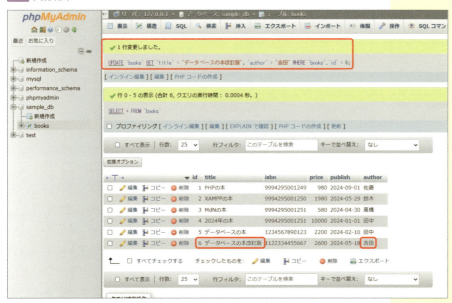

これで更新は完了しました。内容を確認すると更新にはUPDATEというコマンドを使用することがわかります。

UPDATE文を使用する

UPDATE文の構造は 図26 のようになります。

図26 UPDATE文の構造

```
UPDATE テーブル名 SET フィールド名1 = 値1, フィールド名2 = 値2, ... WHERE 更新行の特定条件 ;
```

あとで改めて触れますが、**WHERE**で更新行を特定しないと、すべての行が置き換わってしまうので気をつけましょう。

さきほどのUPDATE文では、「**WHERE `books`.`id` = 6**」となっています。これは、「booksテーブルのidフィールドの値が6の行」という意味です。フィールドのidは重複しない前提なので、これで行の特定ができます。

では、このSQL文でこの行のタイトルを再度変更してみましょう。図27 のようなSQL文を実行します。

図27 実行するUPDATE文

```
UPDATE books SET title = 'データベースの本第2版' WHERE books.id = 6;
```

再度、図28 のSQL文で結果を確認してみましょう。

するとidが6のtitleカラムが「データベースの本第2版」に変わりました 図29。

図28 結果を確認するSQL文

```
SELECT * FROM books;
```

図29 実行結果

データベースからデータを削除する

最後に、データの削除を見てみましょう。これまでと同様に、まずはphpMyAdminからデータを削除してみます。

さきほど追加したデータの「削除」をクリックすると、図30のようにアラートが表示されます。

図30 データの削除

このように削除にはDELETEというコマンドを使用します。

DELETE文を使用する

DELETE文の構造は図31のようになります。

図31 DELETE文の構造

```
DELETE FROM テーブル名 WHERE 削除行の特定条件；
```

UPDATEと同様、WHEREで対象となる行を指定します。WHERE以降を省略してしまうと、テーブルのすべての行を消す命令になってしまいますので注意しましょう。

削除を試すために、P179のINSERT文を再度実行してみてください 図32 。「データベースの本2」のデータが追加されます 図33 。

図32 実行するINSERT文

```
INSERT INTO books (id, title, isbn, price, publish, author) VALUES (NULL, 'データベースの本2', 1122334455667, 2600, '2024-5-18', '伊藤');
```

図33 追加されたデータ

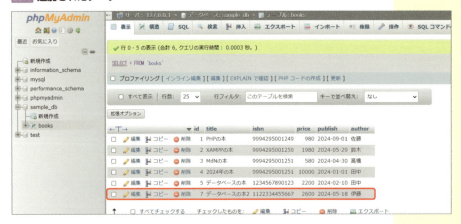

　では、追加された行を削除してみましょう。今度はWHEREで削除行を指定する際に、idではなく、authorを指定して実行してみましょう 図34 。

図34 実行するDELETE文

```
DELETE FROM books WHERE books.author='伊藤';
```

　DELETE文を実行すると、INSERT文で追加した行が削除されます 図35 。なお、idを指定する場合は、ここまでの操作を本書通りに実行している場合は「books.id=7」となります（6は削除済みなので、INSERTした際にidに7が振られます）。

memo
DELETEを実行すると「本当に実行しますか？」というアラートが表示されます。

図35 データが削除される

WHEREの役割

UPDATE文でも登場しましたが、WHEREは重要な命令です。WHEREと指定した条件の部分を**WHERE句**といいますが、WHERE句で指定した行に対してのみSQLの命令を実行します。削除や更新は基本的にテーブル全体ではなく、特定の行だけに対して行うため、WHERE句をあわせて使用します。1つの行に対してだけでなく、複数の行が当てはまる条件を指定すれば、それらの行に対しても削除や更新が行えます。

ちなみにWHERE句はSELECTと組み合わせることも可能です。たとえば次のように特定のデータを取り出すことができます図36 図37 。

図36 WHERE句と組み合わせたSELECT文

```
SELECT title, author FROM books WHERE books.id=5;
```

図37 実行結果

idが5の行のtitleとauthorが抽出されました。

なお、本書では利用しませんがWHEREには**LIKE句**という書き方もあります。図38 のようなものです。

図38 LIKE句の例

```
SELECT * FROM books WHERE books.title LIKE '%の本%';
```

LIKE句では「**%**」が使えます。この%は**ワイルドカード**と呼ばれ、0文字以上の任意の文字列を表します。つまり「%の本」とすれば「○○の本」というパターンにあう文字列にマッチし、「%の本%」とすれば「○○の本当の○○」というパターンの文字列にもマッチするため、「の本」を含むすべての文字列にマッチさせることができます。=の場合はtitleが「の本」という文字列と完全一致した場合のみしかマッチしません。

「%Pの本」とした場合は、現在のデータベースでは「PHPの本」と「XAMPPの本」の2つにマッチします 図39。

図39 「%Pの本」とした場合

これでひと通りのSQL文を使えるようになりました。Lesson 5からは、いよいよPHPからデータベースにアクセスしていきます。

なお、本書ではXAMPP付属のphpMyAdminを利用していますが、MySQL Workbench（https://www.mysql.com/jp/products/workbench/）というデスクトップアプリケーションやエディタのプラグインなどによって開発を便利にする方法もあるので、興味のある方は試してみましょう。

Lesson 5

データベースと連携したWebアプリケーション

では、いよいよMySQLデータベースとのデータのやり取りをPHPから行っていきます。データの表示・追加・更新などの操作に加え、XSS対策、共通処理の関数化などもあわせて行いましょう。

PHPとデータベースを連携する

THEME テーマ PHPでデータベースにアクセスする方法はいくつかありますが、今回はPDOを利用してアクセスしましょう。

PDOを利用する

本書では、PHPでデータベースにアクセスする際に**PDO（PHP Data Object）**を利用します。PDOの仕組みを使うことで、接続するデータベースが変更されても同じ関数を使用して**クエリ（データベースへの問い合わせ）**の発行やデータの取得が行えます。

初めはMySQLを利用していたものの、途中からPostgreSQLにデータベースを変更したといった場合でも、基本的なクエリの発行部分を変更する必要がありません。

データベースへの接続

それでは、さっそくPDOで接続を行ってみましょう。サンプルコードは 図1 のようになります。

WORD PDO
PHP5.1から実装されたデータベースにアクセスするためのインターフェイス。

memo
PDOですべてのデータベースのすべての機能を使えるわけではないので、データベースを変更する時はマニュアルを見ながらテストも行いましょう。

図1 connect1.php

```php
<?php
$user = "phpuser";
$password = "XXXXXXXXXXXX";   // P170で生成したパスワードを入力
$opt = [
    PDO::ATTR_ERRMODE => PDO::ERRMODE_EXCEPTION,
    PDO::ATTR_EMULATE_PREPARES => false,
    PDO::MYSQL_ATTR_MULTI_STATEMENTS => false,
];
$dbh = new PDO('mysql:host=localhost;dbname=sample_db', $user, $password, $opt);
var_dump($dbh);
```

変数 $user と変数 $password の値は、データベースやテーブルの設定ごとに変わります。ここでは P170 で設定したユーザ名「phpuser」とパスワードに置き換えてください。

以降の行では、PDO を利用する際のオプションを配列で定義し、sample_db に接続しています。PDO を用いて DB に接続するときはこのように書きます。現段階では接続するために必要な書き方と覚えておけばよいでしょう。

ブラウザで connect1.php を実行してみると、現時点では 図2 のように表示されるはずです。

図2 実行結果

object(PDO)#1 (0) { }

エラーなどが発生せず、このように表示されれば接続が成功しています。

PDOのインスタンス生成

すこし難しくなりますが、コードのそのほかの部分についても見ていきましょう。現段階ではすべてを理解しようとはせず、「PDO で接続するためにはこのようなコードを書く必要がある」という点を押さえておけば大丈夫です。

まず、図3 で実際に PDO で接続を行っています。

図3 PDOでの接続

```
$dbh = new PDO('mysql:host=localhost;dbname=sample_db', $user, $password, $opt);
```

$dbh の「dbh」は、慣習的に「データベースハンドラー」の略で使われることが多い変数名です。ほかにも「$db」やデータ名など、管理しやすい名前が使われます。

new は**オブジェクトのインスタンス化（新しいオブジェクトを生成する）**を行います。「オブジェクトのインスタンス化」は初めて聞く単語かもしれませんが、ここでは () 内の条件で PDO を利用できる状態にする命令と考えてください。その条件として、図4 のようなパラメータを指定します。

> **memo**
> 本書ではデータベースアクセスのパスワードをソースコードに直接書いていますが、実際にはソースコードにパスワードを記載することは望ましくありません。環境変数を用いたり、適切なアクセスができるように施策しましょう。

> **memo**
> 変数名や関数名などはわかりやすいということが目的なので、一般的に利用されている略語などを利用しても問題ありません。長すぎると可読性が落ちるので、プロジェクト内部でガイドラインなどを設けるとよいでしょう。

図4 new PDO()に指定するパラメータ

```
new PDO(DSN, ユーザー名, パスワード, オプション配列)
```

DSN（データソース名）は、使用するデータベースの指定です。ドライバ呼び出し、URI呼び出し、エイリアス呼び出しの3種類がありますが、ここではドライバ呼び出しで図5のように記述しています。

図5 ドライバ呼び出し

```
'mysql:host=localhost;dbname=sample_db'
```

種類がMySQL、host（接続先ホスト）がlocalhost、dbname（データベース名）がsample_dbという意味です。仮にMySQLではなくPostgreSQLを利用する場合は、先頭の「mysql:」が「pgsql:」に変わります。このデータベースに、指定したユーザー名とパスワードで接続を試みます

オプション配列

オプション配列は、直前のコードで定義した $opt を指定しています。この配列でPDOを利用する際のふるまいを決めています図6。

図6 オプションの配列

```
$opt = [
    PDO::ATTR_ERRMODE => PDO::ERRMODE_EXCEPTION,
    PDO::ATTR_EMULATE_PREPARES => false,
    PDO::MYSQL_ATTR_MULTI_STATEMENTS => false,
];
```

使われているキーや値は、あらかじめ意味が定義されています。**「PDO::ATTR_ERRMODE」** は SQL 実行時のエラー処理で、「PDO::ERRMODE_EXCEPTION」とすると、エラーが発生した際にすべて例外として処理（PDOException を throw）します。エラーの処理に関しては後述します。

---

memo

パラメータやDSNの詳細についてはPHPマニュアルの下記のページでご確認ください。

◎PDO::__construct
（パラメータの説明）
https://www.php.net/manual/ja/pdo.construct.php

◎PDO_MYSQL DSN （DSNの説明）
https://www.php.net/manual/ja/ref.pdo-mysql.connection.php

---

memo

各オプションの詳細についてはPHPマニュアルの下記のページでご確認ください。

◎PDO::ATTR_ERRMODE・
PDO::ERRMODE_EXCEPTION
https://www.php.net/manual/ja/pdo.error-handling.php

◎PDO::ATTR_EMULATE_PREPARES
https://www.php.net/manual/ja/pdo.setattribute.php

◎PDO::MYSQL_ATTR_MULTI_
STATEMENTS
https://www.php.net/manual/ja/ref.pdo-mysql.php

「PDO::ATTR_EMULATE_PREPARES」はプリペアードステートメントのエミュレーションを有効にするか無効にするかの設定で、ここでは「false」で無効にしています。プリペアードステートメントについてはP200で改めて触れます。

「PDO::MYSQL_ATTR_MULTI_STATEMENTS」はマルチクエリを有効にするか無効にするかの設定で、ここでは「false」で無効にしています。

try〜catchによるエラーハンドリング

データベースへの問い合わせは、エラーが発生する可能性の高い処理です。**$optの設定（PDO::ATTR_ERRMODE）**でPDOでのエラーをすべて「**例外**」として検知する設定を行っています。

PHPの例外処理（exceptions）では、エラーが発生すると例外が投げられ（throwされ）るため、それを捕捉（catch）します。

PDOはATTR_ERRMODEの設定によってエラー時に例外がthrowされますので、それをcatchする準備を行います。

例外処理ではまず、例外がthrowされる可能性がある処理をtry{〜}でくくります。

例外がthrowされた場合の処理は、if文のelseのように**catch句**を配置して記述します。catch句では何の例外かと、その例外の情報を受け取る変数を指定します 図7 。

> **WORD** 例外
>
> プログラミング用語で、英語ではExceptionと呼びます。エラー（Error）が発生したときに例外処理を行うことで、プログラムを停止させずに処理を続けられます。

図7 try〜catch文の構造

```
try {
    エラーの起こりうる処理 A
} catch ( 例外 変数 ) {
    例外発生時の処理 B
}
```

処理 A でエラーが発生したら
処理 B が実行される

それでは、先ほどのプログラムに**try ～ catch**を組み込んでみましょう。PDOがthrowする例外は前述のようにPDOExceptionです 図8。

図8 connect2.php

```php
<?php
try {
    $user = "phpuser";
    $password = "XXXXXXXXXXXX";   // P170で生成したパスワードを入力
    $opt = [
        PDO::ATTR_ERRMODE => PDO::ERRMODE_EXCEPTION,
        PDO::ATTR_EMULATE_PREPARES => false,
        PDO::MYSQL_ATTR_MULTI_STATEMENTS => false,
    ];
    $dbh = new PDO('mysql:host=localhost;dbname=sample_db', $user, $password, $opt);
    var_dump($dbh);
} catch (PDOException $e) {
    echo "エラー!: " . $e->getMessage() . "<br>";
    //echo "エラー!: <br>"; ← 本番では表示しないようにこのように書きましょう
    exit;
}
```

try～catchはtry{～}でくくった部分でExceptionが発生した場合に、catch{～}の部分の処理を行うという命令です。

try ～ catchの部分を要約すると、PDOを利用したときに何か不具合が発生したらcatchの部分で処理を行うという意味です。

catchの部分は 図9 のようになっています。

図9 catch

```php
} catch (PDOException $e) {
```

この記述により、例外が発生したときは$eにPDOExceptionの例外情報が代入されます。この際に代入される例外情報は**オブジェクト**です。

192 Lesson5-01 PHPとデータベースを連携する

オブジェクトは、簡単にいうと**プロパティ（変数のようなもの）**と**メソッド（関数のようなもの）**の集合体です。**「変数名 -> プロパティ（メソッド）」**のように書くことで、オブジェクトのデータを参照できます。**getMessage()** は例外オブジェクトに定義されているメソッドで、**$e->getMessage()** でその例外に関するメッセージが取得できます（どのようなエラーが発生しているかなど）。

catch 部分では echo でエラーメッセージを表示し、その後に $e->getMessage() でエラーの内容を表示しています。

$user の部分を「$user = "phpuser2";」と変更して、どうなるかを確認しましょう 図10 。

図10 実行結果

> エラー !: SQLSTATE[HY000] [1045] Access denied for user 'phpuser2'
> @'localhost' (using password: YES)

このようなエラーが表示されたはずです。エラーをきちんとキャッチできています。これから SQL 文などを発行する場合も、基本的にこの try ～ catch でエラーを捕捉します。

ここでは $e->getMessage() をそのまま表示しましたが、これはセキュリティリスクになる重要な情報を含んでいます。本番環境では絶対に表示しないようにしましょう。エラーメッセージにはプログラムの重要な情報が含まれることに留意してください。

PHPでデータを表示しよう

Lesson 5
02

THEME テーマ 前セクションでデータベースへの接続ができました。次はCSVで行った時のようにPHPでデータを表示してみましょう。

データを整形して表示する

　前セクションのプログラムでは、var_dump()で接続の確認を行いました。ここでは、データベースから値を取得して表示していきましょう。

　P176でデータベースから値を取得するにはSELECT文を用いればよいことは説明しましたが、PHPから利用するにはどうしたらいいでしょうか？

　PDOで利用できる命令がPHPマニュアルに一覧でありますので、どんなことができるのか一度眺めておくとよいでしょう 。

図1 PDOで利用できる命令

https://www.php.net/manual/ja/book.pdo.php

　ここでは、queryを用いてSQLを実行します。PDOからqueryが正しく実行されると、PDOStatementオブジェクトで返ってきます。さらにPDOStatementオブジェクトに定義された**fetchメソッド**で値を取得するという流れになります 図2。

図2 queryとfetchを利用したプログラムの流れ

ここでは、P119でCSVファイルを読み込んだプログラムと同じ表示をしてみます。データベースから読み込む場合は図3のようになります。

図3 list.php

```
<?php
require_once 'functions.php'; //P117で作成したXSS対策用関数の読み込み
try {
    $user = "phpuser";
    $password = "XXXXXXXXXXXX";    // P170で生成したパスワードを入力
    $opt = [
        PDO::ATTR_ERRMODE => PDO::ERRMODE_EXCEPTION,
        PDO::ATTR_EMULATE_PREPARES => false,
        PDO::MYSQL_ATTR_MULTI_STATEMENTS => false,
    ];
    $dbh = new PDO('mysql:host=localhost;dbname=sample_db', $user, $password, $opt);
    $sql = 'SELECT title, author FROM books';
    $statement = $dbh->query($sql);

    while ($row = $statement->fetch()) {
        echo "書籍名：" . str2html($row[0]) . "<br>";
        echo "著者名：" . str2html($row[1]) . "<br><br>";
    }
} catch (PDOException $e) {
    echo "エラー！: " . str2html($e->getMessage()) . "<br>";
    exit;
}
```

データベースの読み込みのロジックは、CSVファイルの読み込みのロジックと変わりません。CSVではファイルのオープンでしたが、データベースではデータベースへの接続とSQLの実行となります。

whileで1行ずつ処理を行う部分もほぼ同一のロジックです。

SQLによる抽出

では、PDOを利用したプログラムを細かく見ていきます。

newで接続してデータを取得するところまではこれまで通りです。まず、取得したデータをSQLで抽出する処理が加わっています 図4 。

図4 SQLによる抽出

```
$sql = 'SELECT title, author FROM books';
$statement = $dbh->query($sql);
```

P177でも出てきたSQL文ですね。booksテーブルからフィールド名titleとauthorの値を指定しています。

次の行でqueryメソッドを通してこのSQL文を実行し、結果を$statementに格納します。

1行ずつ処理する

$statementにSQLを実行した結果の情報が入っているので、fetchメソッドを使用して値を取り出し、1行ずつループ処理していきます。CSVでは 図5 のように処理していました ➔ 。

> ➔ 118ページ **Lesson3-04**参照。

図5 CSVでのループ

```
while($row = fgetcsv($fp)) {
    echo "書籍名:" . str2html($row[0]) . "<br>";
    echo "著者名:" . str2html($row[4]) . "<br><br>";
}
```

PDOを利用した場合は 図6 のようになります。

図6 PDOでのループ

```
while ($row = $statement->fetch()) {
    echo "書籍名:" . str2html($row[0]) . "<br>";
    echo "著者名:" . str2html($row[1]) . "<br><br>"
}
```

形はほとんど変わりません。fgetcsvと同様に、fetch()も1件ずつ取得していき、取得し終わったらfalseを返します。これにより1行ずつ処理を行い、該当する行がなくなるまで{ }の内部の処理を繰り返します。

echoでの表示の際、著者名の配列のキーに違いがありますが、これはSELECT文でフィールドを指定しているため、2つの要素しか$rowに取得されないからです。仮にSQL文を「$sql =

'SELECT * FROM books';」としてすべての要素を取得すると、CSVのコードと同じキーになります。

出力についてエラーメッセージもエスケープしておきましょう。

図7　エラーメッセージをエスケープ

```
echo "エラー！: " . str2html($e->getMessage()) . "<br>";
```

実行結果は 図8 のようになります。

図8　実行結果

書籍名:PHPの本
著者名:佐藤

書籍名:XAMPPの本
著者名:鈴木

書籍名:MdNの本
著者名:高橋

書籍名:2024年の本
著者名:田中

書籍名:データベースの本
著者名:田中

ひとまず表示するところまではできしました。phpMyAdminのコンソールなどからP179のSQL文でデータを追加し 図9 、ブラウザからlist.phpをリロードしてデータの変更が反映されるか試してみましょう 図10 。

図9　phpMyAdminでデータを追加

図10　実行結果

書籍名:PHPの本
著者名:佐藤

書籍名:XAMPPの本
著者名:鈴木

書籍名:MdNの本
著者名:高橋

書籍名:2024年の本
著者名:田中

書籍名:データベースの本
著者名:田中

書籍名:データベースの本2
著者名:伊藤

Lesson 5-03 PHPでデータを追加する

THEME テーマ データの表示までできましたので、次にデータの追加を見てみます。フォームを利用して、Webページ上から追加できるようにします。

入力フォームを作成する

データの一覧はPHPで表示できるようになりましたが、データの追加を毎回phpMyAdminで行うのは手間です。追加もPHPで行うようにしましょう。

追加するデータを入力するフォームを用意します。ここでは、のようなフォームを用意しました。おおまかな仕組みはP121のフォームと同じです。

図1 add.htm

```html
<!doctype html>
<html lang='ja'>
<head>
  <meta charset='UTF-8'>
  <title> サンプルコード </title>
  <link rel='stylesheet' type='text/css' href='./style.css'>
</head>
<body>
<form action='add.php' method='post'>
  <p>
    <label for='title'> タイトル（必須・200文字まで）:</label>
    <input type='text' name='title'>
  </p>
  <p>
    <label for='isbn'>ISBN（13桁までの数字）:</label>
    <input type='text' name='isbn'>
  </p>
  <p>
    <label for='price'> 定価（6桁までの数字）:</label>
    <input type='text' name='price'>
  </p>
  <p>
```

```
    <label for='publish'> 出版日（YYYY-MM-DD 形式）:</label>
    <input type='text' name='publish'>
  </p>
  <p>
    <label for='author'> 著者（80 文字まで）:</label>
    <input type='text' name='author'>
  </p>
  <p class='button'>
    <input type='submit' value=' 送信する '>
  </p>
</form>
</body>
</html>
```

　ひとまず、入力データを処理する「add.php」を 図2 のように記
述して、入力内容が適切に受け取れるか確認しましょう。

図2 add.php

```
<?php
var_dump($_POST);
```

　add.htmlにブラウザでアクセスし、フォームに実際に値を入れ
て実行してみましょう 図3 。 図4 のように表示されれば問題あり
ません。

図3 add.htmlのフォームに入力

タイトル（必須・200文字まで）:	テスト書籍名
ISBN（13桁までの数字）:	0123456789012
定価（6桁までの数字）:	2600
出版日（YYYY-MM-DD形式）:	2024-02-28
著者（80文字まで）:	柏岡
	送信する

図4 実行結果

```
array(5) { ["title"]=> string(18) " テスト書籍名 " ["isbn"]=> string(13)
"0123456789012" ["price"]=> string(4) "2600" ["publish"]=> string(10)
"2024-02-28" ["author"]=> string(6) " 柏岡 " }
```

　では、さきほどのフォームで入力した値をデータベースに格納
する処理を add.php に作成しましょう。

Lesson 5 データベースと連携したWebアプリケーション

データベースへ追加するSQL

まず、SQLを用いたデータの追加を復習してみましょう。P179でのSQL文は下記のようになっていました 図5 。

図5 INSERT文によるデータの追加

```
INSERT INTO books (id, title, isbn, price, publish, author) VALUES (NULL, 'データベースの本2', 1122334455667, 2600, '2024-5-18', '伊藤');
```

このSQLを実行するのを目的にします。さきほどSQLの実行にqueryメソッドを用いたので、今回もqueryを使用したくなりますが、ここでは**プリペアードステートメント**という仕組みを利用します。

プリペアードステートメントは、事前にSQLを準備し、あとでSQLの再利用をしたり、値の設定を行うことができる仕組みです。queryは通常、SQLに変更のない参照の時のみ使用されるため、プリペアードステートメントが利用できません。ここでは**prepareメソッド**を利用します 図6 。

SQLインジェクションを防ぐ

プリペアードステートメントを利用することで、悪意あるユーザ入力に対するセキュリティの向上につながります。

サイバー攻撃のひとつに**「SQLインジェクション」**というものがあります。これは、想定していないSQL文を実行させてデータベースを不正に操作する攻撃方法です。SQLインジェクションが防げていないと、見せてはいけない情報が見えてしまったり、データを消されてしまったりといった被害が起こります。

SQLインジェクションは、ユーザからの入力文字列をSQLに引き渡す場合に多く発生します。プリペアードステートメントは事前にSQLを準備します。この時、プレースホルダーを利用して再利用することから、ユーザの入力によって変わる部分を特定できます。そのため、意図しないSQL文全体が実行されることを防げます。セキュリティ対策は多岐に渡りますが、可能な限りの施策は常に行いましょう。

200　Lesson5-03　PHPでデータを追加する

図6 プリペアードステートメントとプレースホルダー

仮に確保した、後で値が代入される部分（プレースホルダー）

```
$sql ="INSERT INTO books (id, title, isbn, price, publish, author)
       VALUES (NULL, :title, :isbn, :price, :publish, :author)";
$stmt = $dbh->prepare($sql);
```

後から SQL を実行できるように準備する
（プリペアードステートメント）

PHPでINSERT文を実行する

それではプリペアードステートメントを用いた追加を順に考え
ていきましょう。まずはプログラムの前半部分を見てみます（try
〜 catch はあとで追加します）**図7**。

図7 add.php（前半部分）

```php
<?php
require_once("functions.php");
$user = "phpuser";
$password = "XXXXXXXXXXXX";   // P170 で生成したパスワードを入力
$opt = [
    PDO::ATTR_ERRMODE => PDO::ERRMODE_EXCEPTION,
    PDO::ATTR_EMULATE_PREPARES => false,
    PDO::MYSQL_ATTR_MULTI_STATEMENTS => false,
];
$dbh = new PDO('mysql:host=localhost;dbname=sample_db', $user, $password, $opt);
$sql ="INSERT INTO books (id, title, isbn, price, publish, author)
VALUES (NULL, :title, :isbn, :price, :publish, :author)";
$stmt = $dbh->prepare($sql);
```

ここまでは、これまでと大きくは変わりません。$sqlに格納
するSQLがINSERT文に、最後の行がqueryメソッドからprepare
メソッドに変わり、SQLの準備をさせています。正常に動作する
と$stmtにはPDOStatementオブジェクトが保存されます。

この段階でソースコードの最後にvar_dump($stmt:);と追加し
て$stmtの内容を見てみると、**図8**のようにPDOStatementオブ
ジェクトが格納されていることが確認できます。

図8 $stmtの内容

```
object(PDOStatement)#2 (1) { ["queryString"]=> string(115) "INSERT INTO books (id, title,
isbn, price, publish, author) VALUES (NULL, :title, :isbn, :price, :publish, :author)" }
```

プレースホルダーに値をはめ込む

　素のINSERT文とコード内のINSERT文には違いがあります。値の部分が「:title」、「:isbn」などとなっています。この「:」と続く部分がプレースホルダーで、あとで実際の値に置き換えます。

　プレースホルダーの値の置き換えはPDOStatementオブジェクトの**bindParamメソッド**で行います。bindParamは、prepareで準備したSQLに確保してあるプレースホルダーに指定した値をはめ込みます。bindParamメソッドは**図9**のように書きます。

図9 bindParamメソッドの書き方

```
PDOStatementオブジェクト ->bindParam(":プレースホルダー名", 置き換える値, データ型);
```

　今回のプログラムでは、HTMLのフォームから取得した値の配列$_POSTから代入します。$stmtの「:title」をフォームから入力された「$_POST['title']」の値に置き換える場合は**図10**のようになります。

図10 bindParamメソッドのコード例

```
$stmt->bindParam(":title", $_POST['title'], PDO::PARAM_STR);
```

　データ型の部分はPDO:PARAM_STRとなっていますが、これはPDOで定義された定数です。**図11**のような定数で指定します。

図11 PDOに定義されたデータ型の定数

定数	データ型
PDO::PARAM_BOOL	論理値型
PDO::PARAM_NULL	SQL NULL データ型
PDO::PARAM_INT	SQL INTEGER データ型
PDO::PARAM_STR	SQL CHAR、VARCHAR、または他の文字列データ型
PDO::PARAM_STR_NATL	事前定義された文字セットを使用する文字列
PDO::PARAM_STR_CHAR	通常の文字セットを使用する文字列

詳細はhttps://www.php.net/manual/ja/pdo.constants.phpをご覧ください

では :title、:isbn、:price、:publish、:author についても設定しましょう 図12 。

図12 add.php（プレースホルダーの処理部分）

```
$price = (int) $_POST['price'];
$stmt->bindParam(":title", $_POST['title'], PDO::PARAM_STR);
$stmt->bindParam(":isbn", $_POST['isbn'], PDO::PARAM_STR);
$stmt->bindParam(":price", $price, PDO::PARAM_INT);
$stmt->bindParam(":publish", $_POST['publish'], PDO::PARAM_STR);
$stmt->bindParam(":author", $_POST['author'], PDO::PARAM_STR);
```

price は整数型ですので (int) にキャストしています。このよう値や型の変更などがあるときは、いったん変数にしたほうが処理しやすいでしょう。

SQLの実行

SQLの準備と値の設定ができましたので、次は準備したSQLを実行します。これには、PDOStatement オブジェクトの **executeメソッド** を利用します 図13 。

図13 add.php（SQLの実行部分）

```
$stmt->execute();
echo "データが追加されました。";
```

フォームに入力して送信した際にこのPHPを実行することになるので、実行後にはメッセージを表示します。これで追加の処理は動作するようになりました。

エラーのハンドリング

前セクションでも行ったように、ここでもtry〜catchでエラーハンドリングを行います。ここでエラーが発生しそうな処理は最後のINSERT文の実行までですから、全体をtry{〜}でくくってしまいましょう。その後にはcatch句を書いてエラーを表示します 図14 。

図14 add.php（全体）

```php
<?php
require_once 'functions.php'; //P117で作成したXSS対策用関数の読み込み
try {
    $user = "phpuser";
    $password = "XXXXXXXXXXXX";    // P170で生成したパスワードを入力
    $opt = [
        PDO::ATTR_ERRMODE => PDO::ERRMODE_EXCEPTION,
        PDO::ATTR_EMULATE_PREPARES => false,
        PDO::MYSQL_ATTR_MULTI_STATEMENTS => false,
    ];
    $dbh = new PDO('mysql:host=localhost;dbname=sample_db', $user, $password, $opt);

    $sql ="INSERT INTO books (id, title, isbn, price, publish, author)
    VALUES (NULL, :title, :isbn, :price, :publish, :author)";
    $stmt = $dbh->prepare($sql);
    $price = (int) $_POST['price'];
    $stmt->bindParam(":title", $_POST['title'], PDO::PARAM_STR);
    $stmt->bindParam(":isbn", $_POST['isbn'], PDO::PARAM_STR);
    $stmt->bindParam(":price", $price, PDO::PARAM_INT);
    $stmt->bindParam(":publish", $_POST['publish'], PDO::PARAM_STR);
    $stmt->bindParam(":author", $_POST['author'], PDO::PARAM_STR);

    $stmt->execute();
    echo "データが追加されました。<br>";
    echo "<a href='list.php'>リストへ戻る</a>";
} catch (PDOException $e) {
    echo "エラー！: " . str2html($e->getMessage()) . "<br>";
    exit;
}
```

　これで、データの追加処理が完成です。最初に作成したadd.htmlを開き、データを入力して送信してみましょう 図15 。

　「データが追加されました」と表示されたら「リストへ戻る」をクリックして、追加したデータがリストに表示されたか確認しましょう 図16 。

図15 データを入力して送信

図16 追加したデータが表示

書籍名:PHPの本
著者名:佐藤

書籍名:XAMPPの本
著者名:鈴木

書籍名:MdNの本
著者名:高橋

書籍名:データベースの本2
著者名:伊藤

書籍名:テスト書籍名
著者名:柏岡

エラーへの対処

エラーが発生した場合はメッセージをよく読んでみましょう。エラー箇所の情報が入っています。主なエラーをここで紹介しておきます。

図17 ユーザ名、パスワードが間違っている

```
SQLSTATE[HY000] [1045] Access denied for user 'phpuser2'@'localhost' (using password: YES)
```

図18 ネットワークに問題がある・ホスト名の指定に間違いがあるなど

```
SQLSTATE[HY000] [2002] php_network_getaddresses: getaddrinfo failed: nodename nor servname provided, or not known
```

図19 データベースにアクセスできない・データベース名に間違いがある

```
SQLSTATE[HY000] [1044] Access denied for user 'phpuser'@'localhost' to database 'sample_db2'
```

図20 SQLに間違いがある

```
SQLSTATE[42000]: Syntax error or access violation: 1064 You have an error in your SQL syntax; check the manual that corresponds to your MariaDB server version for the right syntax to use near 'books (id, title, isbn, price, published, author) VALUES (NULL, ?, ?, ...' at line 1
```

図21 設定した数と違う

```
PDOStatement::execute(): SQLSTATE[HY093]: Invalid parameter number: number of bound variables does not match number of tokens
```

現在はデバッグのため、catch内の処理で「$e->getMessage()」を表示してエラーの内容を確認していますが、このようなエラーメッセージには、セキュリティ上重大な情報が含まれているので、絶対に実際の運用では表示しないようにしてください。

Lesson 5-04 入力内容のバリデーションを行う

THEME テーマ
データベースへのデータの追加まではできましたので、さらに各項目のバリデーションを行います。

データのバリデーション

Lesson3で**バリデーション**を行いましたが、同様にここでも入力フォームから入力されるすべての項目にバリデーションをかけましょう。

本書では設定していませんが、JavaScriptでフォーム入力時にブラウザ上でバリデーションを行っていたとしても、サーバ側でもしっかりとバリデーションを行う必要があります。

バリデーションのルールを決める

P168でデータベースを作成した際の各フィールドの設定を見てみましょう。この設定をもとに、フィールドに入力されるべきデータは図1のようにまとめられます。

> 150ページ Lesson3-08参照。

> **memo**
> 今回使用しているadd.htmlにも書いてあるように、実際の入力フォームにおいて入力内容を制限するときは、(半角数字) や (〇文字以内) など、入力フォームの近くに入力ルールを表示しておきましょう。断り書きがない状態で再入力を強いられると、ユーザーが困惑します。

図1 各フィールドの想定入力内容

名前	データの種類	長さ
タイトル（title）*	文字列	200 文字以内
ISBN（isbn）	文字列	13 文字以内
定価（price）	数値	6 桁以内
出版日（publish）*	日付（文字列）	yyyy-mm-dd 形式
著者（author）	文字列	80 文字以内

*は入力必須項目

タイトルと出版日は入力必須としました。では、フォームの各項目に入力された情報が表の要件に適合しているか、バリデーションをかけていきましょう。

　基本的にはバリデーションのルールをif文の条件として記述し、引っかかった場合はechoでメッセージを表示してプログラムを終了する、という流れにします。

タイトルのバリデーション

　タイトルは一番重要なので、必須項目として日本語で200文字まで入力できるようにします。P148と同様に正規表現とpreg_match()関数を利用します 図2 。

図2 タイトルのバリデーションの条件記述

```
preg_match('/\A[[:^cntrl:]]{1,200}\z/u', $_POST['title']);
```

　おさらいになりますが、**/ 〜 /** で挟まれた部分が正規表現です。\A は文字列の先頭、\z は文字列の最後で、\A 〜 \z で挟まれた正規表現に適合しない文字が対象文字列内に存在する場合は false となります。

　[:^cntrl:] は制御文字（改行など）以外のすべての文字を表します。[: と :]で囲まれた正規表現は **POSIX** 文字クラスと呼ばれ、文字クラス内（[ ]内）でしか使用できないため、2重に囲まれています。

　{ } は繰り返し数を表し、数字が1つの場合はその文字数、2つの数字をカンマで区切った場合は「○文字から△文字まで」という意味です。空欄を許可しないため、{1,200}と1文字から200文字までにしています。

　最後に**u**がついています。こちらは**パターン修飾子**といって、パターンと対象文字列がUTF-8として処理されます。これを指定しないと正しく判定されないケースがあります。

memo

「\」（バックスラッシュ）は、Windowsでは「¥」キー、Macではoption＋「¥」キーで入力します。Windowsをご利用の場合、エディタのフォント環境によっては「\」ではなく「¥」と表示される場合があります。Visual Studio Code（P18）の場合は「\」で表示されます。本書では「\」と表記します。Visual Studio Code以外の「¥」で表示されるエディタをご利用の場合は、「\」を「¥」に読み替えてください。

memo

[:cntrl:]で制御文字を表します。[:^cntrl:]は「^」で否定しているためその反対となり、「制御文字以外のすべての文字」を意味します。

WORD ▶ POSIX

「Portable Operating System Interface for UNIX」の略でUNIXの標準規格。

ISBNと定価のバリデーション

ISBNの項目ですが、ISBNは数字が13桁です。各桁の数字には意味がありますが、ここではシンプルに13桁までの数字を受け付けることにします 図3。

数字に関してはすでに利用したことのある\dを使いましょう。空欄を許可するため、文字数は{0,13}とします。定価も同様の処理で、{0,6}と6桁までの数字にします 図4。

図3 ISBNのバリデーションの条件記述

```
preg_match('/\A\d{0,13}\z/u', $_POST['isbn'])
```

図4 価格のバリデーションの条件記述

```
preg_match('/\A\d{0,6}\z/u', $_POST['price']);
```

出版日のバリデーション

出版日は日付です。タイトルと同様に入力必須とします。どこまで厳密に検証するかで、処理が変わってきます。西暦何年から何年までを対象とするか、閏年を考慮するかなど、日付についてのチェックには色々な手法があります。

ここでは、「数字4桁・ハイフン・数字2桁・ハイフン・数字2桁」になっているかという形式の確認と、日付として妥当かどうかの確認の2段構えのチェックを行いましょう。

まず、形式の確認ですが、これは\dと{ }と-を組み合わせれば表現できます 図5。

図5 出版日の形式のバリデーションの条件記述

```
preg_match('/\A\d{4}-\d{1,2}-\d{1,2}\z/u', $_POST['publish']);
```

年は数字4桁固定ですが、月日は1桁で入力されても処理できるので、このような書き方になります。

このままだと、13月35日といった数字も受け付けてしまうので、日付の妥当性のチェックも行います。これには**checkdate()関数**を使用します 図6。

> **memo**
> 今回はMySQLのフィールドを日付型にしていることから、日付として正しくない場合はPDOExceptionが発生するため、誤った日付は登録されません。ただし、必要に応じて入力内容のどこにエラーが起こったのかをユーザーに知らせるためにも、想定されるエラーはバリデーションで拾うようにしておくことが大切です。

図6 checkdate()関数

checkdate（ 月の数値 ， 日の数値 ， 年の数値 ）	
概要	グレゴリオ暦の日付 / 時刻の妥当性を確認する
返り値	指定した日付が有効な場合は true、そうでない場合は false
詳細	https://www.php.net/manual/ja/function.checkdate.php

この関数は **図7** のように利用します。

図7 checkdate()関数の記述

```
checkdate(12,31,2024);
```

そのため、月、日、年をそれぞれ抜き出さなければなりません。「2024-12-31」という文字列からそれぞれの要素を抜き出す際は **explode()** という関数が使えます。

図8 explode()関数

explode（ 区切り文字 ， 対象文字列 [， 返す要素数] ）	
概要	文字列を区切り文字で分割する
返り値	分割された文字列が格納された配列
詳細	https://www.php.net/manual/ja/function.explode.php

explode()はちょうど今回のように区切り文字がある場合に、区切り文字で文字列を分割して配列に格納してくれます。

csvの分割なども可能です。今回はハイフンを区切りにして年月日に分け、それをcheckdate()関数に渡します **図9**。

図9 出版日の妥当性のバリデーションの条件記述

```
$date = explode('-', $_POST['publish']);
checkdate($date[1], $date[2], $date[0]);
```

著者名のバリデーション

最後の著者名は80文字という文字数制限のみなので、**図10** のようになります。

図10 著者名のバリデーションの条件記述

```
preg_match('/\A[[:^cntrl:]]{0,80}\z/u', $_POST['author']);
```

空欄チェック

　最後に、タイトルと出版日の空欄チェックを見てみます。実際にはこれまでのコードで入力文字数を指定しており、入力必須の場合は1文字以上としていることから、空欄で送信するとメッセージが表示されます。

　空欄の場合はメッセージを変え、「○○は必須です」と表示することにしましょう。空欄かどうかのチェックには **empty()** を使ってみます 図11 。

memo
empty()は、厳密には関数ではなく言語構造です。

図11 empty()

empty （ 変数 ）	
概要	変数が空であるかどうかを検査する
返り値	変数がない、または0や空文字の場合はtrue、そうでない場合はfalse
詳細	https://www.php.net/manual/ja/function.empty.php

　このempty()を条件として記述すればよいでしょう 図12 。

図12 空欄チェックの条件記述

```
empty($_POST['title'])
empty($_POST['publish'])
```

add.phpにバリデーションを追加する

　ここまででバリデーションの材料が揃いましたので、順にかけていきましょう。エラーの表示方法やチェックの仕方によりいくつか書き方はありますが、ここではこれまでの知識でバリデーションを行えるように、1項目ずつif文でエラーチェックを行い、エラーがあったらメッセージを表示してプログラムを終了するという形にします。

　バリデーションのコードは入力フォームのデータを受け取った際に実行するため、add.phpに記述します。書く場所は、データベースの処理を行う前、つまりtry{ 〜 }の前に記述してください。

　empty()以外の条件は、falseになった場合にエラーを表示しますので、条件のはじめに否定の!をつけます 図13 。

210　Lesson5-04　入力内容のバリデーションを行う

図13 add.php（前半部分）

```php
<?php
require_once 'functions.php'; //P117で作成したXSS対策用関数の読み込み
if(empty($_POST['title'])) {
    echo "タイトルは必須です。";
    exit;
}
if(!preg_match('/\A[[:^cntrl:]]{1,200}\z/u',$_POST['title'])) {
    echo "タイトルは200文字までです。";
    exit;
}
if(!preg_match('/\A\d{0,13}\z/', $_POST['isbn'])) {
    echo "ISBNは数字13桁までです。";
    exit;
}
if(!preg_match('/\A\d{0,6}\z/u', $_POST['price'])) {
    echo "価格は数字6桁までです。";
    exit;
}
if(empty($_POST['publish'])) {
    echo "日付は必須です。";
    exit;
}
if(!preg_match('/\A\d{4}-\d{1,2}-\d{1,2}\z/u', $_POST['publish'])) {
    echo "日付のフォーマットが違います。";
    exit;
}
$date = explode('-', $_POST['publish']);
if(!checkdate($date[1], $date[2], $date[0])) {
    echo "正しい日付を入力してください。";
    exit;
}
if(!preg_match('/\A[[:^cntrl:]]{0,80}\z/u',$_POST['author'])) {
    echo "著者名は80文字以内で入力してください。";
    exit;
}
try {
……以下はP204と同様……
```

　これでバリデーションが終わりました。次セクション以降で、
さらにプログラムをブラッシュアップしていきましょう。

Lesson 5-05 データベース接続処理を関数化する

> **THEME テーマ**
> データを追加する際も、データを表示する際も、データベースへの接続は必須です。この処理を関数化してみましょう。

共通する処理を関数化する

データベースにデータを新規追加する場合（add.php）も、現在のデータを一覧表示する場合（list.php）も、どちらもPDOを使ってデータベースに接続を行っています。

どちらの記述もまったく同じなので、このようなときは関数化すると、プログラムのメンテナンス性や可読性が上がります。

> 84ページ　Lesson2-09参照。

関数化する際の注意点

P117で作成したfunctions.phpに関数を追加しましょう。以前作った **str2html()** はそのまま使用するので、その下に新しい関数を追加します。

新しい関数名は **db_open** としましょう。まず、図1のように記述します。

図1 db_open()関数記述①（functions.php）

```
function db_open() {

}
```

この中に、共通しているデータベース接続のコードを記述します 図2。

図2 db_open()関数の記述②(functions.php)

```php
function db_open() {
    $user = "phpuser";
    $password = "XXXXXXXXXXXX";  // P170 で生成したパスワードを入力
    $opt = [
        PDO::ATTR_ERRMODE => PDO::ERRMODE_EXCEPTION,
        PDO::ATTR_EMULATE_PREPARES => false,
        PDO::MYSQL_ATTR_MULTI_STATEMENTS => false,
    ];
    $dbh = new PDO('mysql:host=localhost;dbname=sample_db', $user, $password, $opt);
}
```

　この関数を add.php や list.php から呼び出して、$dbh を利用します。

　しかしこのままでは $dbh を利用できません。関数内で定義された変数は**ローカル変数**といわれ、関数外では利用できないのです。簡単な例を見てみましょう 図3。

図3 function_sample1.php

```php
<?php
function test() {
    $a = 10;
}
test();
echo $a;
```

　このプログラムを実行すると 図4 のようなエラーが出ます。

図4 実行時のエラーメッセージ

```
Warning: Undefined variable $a in …略…function_sample1.php on line 6
```

　これは「6行目の変数 $a が定義されていない」というメッセージです。

　function_sample1.php の中に $a という変数は存在していますが、$a は function test(){ ～ }の内部にあるローカル変数となり、function の外部から直接アクセスすることはできません。

213

返り値を使う

では利用するためにはどうするかというと、P88で解説したように、returnを使って返り値として呼び出し元に値を返します。関数の実行結果を変数に代入して利用してみましょう。

先ほどのプログラムであれば 図5 のようになります。

図5 function_sample2.php

```php
<?php
function test() {
    $a = 10;
    return $a; //return で $a を返り値として戻す
}
$a = test(); //$a に返り値を代入
echo $a;
```

> **memo**
> returnは関数実行時に呼び出し元に値を返します。サンプルでは一度$aという変数に代入していますが、echo test();と実行してもそのままreturnの値を表示することができます。

変更した箇所は2箇所です。まずfunction内でreturn文を書き、関数の呼び出し元に変数$aの内容を返します。この$aは関数内でしか有効ではありません。

関数の呼び出し元では関数の左側に変数を置きます。こうすると関数が実行された返り値が変数に格納されます。

なお、関数の中の変数$aと呼び出し元の$aは同じ名前ですが、別の変数として扱われます。たとえば、 図6 のように試してみましょう。実行結果は 図7 となります。

図6 function_sample3.php

```php
<?php
$a = 20; //$a に 20 を代入
function test() {
    $a = 10; // 関数内では $a に 10 を代入
    return $a;
}
$b = test(); // 返り値を代入する変数を $b に変更
echo '$aは' . $a . 'です。$bは' . $b . 'です。';
```

214　**Lesson5-05** データベース接続処理を関数化する

図7 実行結果

> $aは20です。$bは10です。

関数内での $a=10 は関数外の $a=20 よりもあとに実行されていますが、関数外の $a は置き換わっていません。

db_open()関数に返り値をもたせる

この返り値の仕組みを利用して、$dbh として PDO で利用するデータベースハンドラを共有しましょう。データベースの接続の関数側は最後に一行追加するだけです**図8**。

図8 db_open()関数の記述③（functions.php）

```php
function db_open() :PDO { // 型宣言で PDO 型を指定
    $user = "phpuser";
    $password = "XXXXXXXXXXXX";    // P170 で生成したパスワードを入力
    $opt = [
            PDO::ATTR_ERRMODE => PDO::ERRMODE_EXCEPTION,
            PDO::ATTR_EMULATE_PREPARES => false,
            PDO::MYSQL_ATTR_MULTI_STATEMENTS => false,
            ];
    $dbh = new PDO('mysql:host=localhost;dbname=sample_db', $user, $password, $opt);
    return $dbh;   // 返り値を返す
}
```

最後の行でreturnを使い、呼び出し元に値を戻しています。

また、返り値の型宣言も設定しています。型宣言に指定する値は、返り値を var_dump() で出力してみるとわかります。試しに**「var_dump($dbh);」**としてみると、**「object(PDO)#1 (0) { }」**と表示され、PDO オブジェクトが返ってきていることが確認できます。

それでは呼び出し元のプログラムを書き換えましょう。まず、現状のlist.phpを見てみます 図9 。

図9 list.php

```php
<?php
require_once 'functions.php'; //P117で作成したXSS対策用関数の読み込み
try {
    $user = "phpuser";
    $password = "XXXXXXXXXXXX";   // P170で生成したパスワードを入力
    $opt = [
        PDO::ATTR_ERRMODE => PDO::ERRMODE_EXCEPTION,
        PDO::ATTR_EMULATE_PREPARES => false,
        PDO::MYSQL_ATTR_MULTI_STATEMENTS => false,
    ];
    $dbh = new PDO('mysql:host=localhost;dbname=sample_db', $user, $password, $opt);
    $sql = 'SELECT title, author FROM books';
    $statement = $dbh->query($sql);

    while ($row = $statement->fetch()) {
        echo " 書籍名:" . str2html($row[0]) . "<br>";
        echo " 著者名:" . str2html($row[1]) . "<br><br>";
    }
} catch (PDOException $e) {
    echo " エラー!: " . str2html($e->getMessage()) . "<br>";
    exit;
}
```

グレーの文字が関数化した部分です。このlist.phpを 図10 のように書き換えます。

216　Lesson5-05　データベース接続処理を関数化する

図10 list.php（関数で共通化）

```php
<?php
require_once 'functions.php'; // 作成した関数の読み込み
try {
    $dbh = db_open();
    $sql = 'SELECT title, author FROM books';
    $statement = $dbh->query($sql);

    while ($row = $statement->fetch()) {
        echo " 書籍名:" . str2html($row[0]) . "<br>";
        echo " 著者名:" . str2html($row[1]) . "<br><br>";
    }
} catch (PDOException $e) {
    echo " エラー！: " . str2html($e->getMessage()) . "<br>";
    exit;
}
```

add.php も同様に 図11 のようにします。

図11 add.php（関数で共通化）

```php
<?php
require_once 'functions.php'; // 作成した関数の読み込み
……中略・P211 のバリデーションのコード……

try {
    $dbh = db_open();
    $sql ="INSERT INTO books (id, title, isbn, price, publish, author)
    VALUES (NULL, :title, :isbn, :price, :publish, :author)";
    ……中略……
}
```

　8行の記述が「$dbh = db_open();」の1行にまとまりました。か
なり見やすくなりましたね。$sqlでSQL文を作成するところから、
それぞれ個別の処理に変わっています。以降のプログラムでも
データベースへの接続を行うので、関数化することでコードをシ
ンプルにすることができます。

データを更新する仕組みを作成する

Lesson 5-06

THEME テーマ　次に、データベース上の既存のデータを更新してみます。ここではまず、更新する行を特定する仕組みを作成します。

データの更新に必要なこと

次に、データベースにあるデータをPHPから更新してみます。まずは更新の仕組みを考えてみましょう。更新するためにはまず、どのデータを修正するかを特定する必要があります。

phpMyAdminで実行した更新のSQL文を思い出してみましょう 図1 。

図1　タイトルを変更するSQL文

```
UPDATE books SET title = 'データベースの本第2版' WHERE books.id = 7;
```

UPDATE文は大きく分けて2つの部分からなります。セットの後は更新するフィールドと値の組み合わせです。WHEREの後は更新するデータのidを指定しています。

このSQL文の場合はbooksテーブルに対して、titleを「データベースの本第2版」に更新をかけます。WHEREがない場合は全行に対して更新を行います。WHEREでIDを設定することで、更新する行を1つに特定しています。

データ全体を表示する

まず、いままでのlist.phpではタイトルと著者しか表示していなかったので、テーブルで全項目を表示するように変更します。それができたあとで、更新の仕組みを作っていきます。P195で作成したlist.phpの表示部分は 図2 のようなコードでした。

図2　list.php（行表示部分）

```
while ($row = $statement->fetch()) {
    echo "書籍名:" . str2html($row[0]) . "<br>";
    echo "著者名:" . str2html($row[1]) . "<br><br>";
};
```

218　Lesson5-06　データを更新する仕組みを作成する

これを、HTMLのtable要素を使い、表に組み立てます。$row
に1行分のデータが配列で格納されているので、$rowのすべての
要素を <td></td> に配置し、前後を <tr> と </tr> ではさみます。こ
の処理を fetch メソッドで最後の行まで1行ずつ取り出しながら
ループさせます。

ループの前に <table> の開始タグと表の見出しとなる <th> 行、
ループの後ろに </table> を出力することで、全体をテーブルにで
きます。さらに最低限のHTMLを加えた list.php 全体は 図3 のよう
なコードになります。

図3 list.php

```php
<!DOCTYPE html>
<html lang="ja">
<head>
  <meta charset="utf-8">
  <link rel="stylesheet" href="style.css">
</head>
<body>
<header>
  <h1> 書籍データベース </h1>
</header>


<?php
require_once 'functions.php'; // 作成した関数の読み込み
try {
    $dbh = db_open();
    $sql = 'SELECT * FROM books';
    $statement = $dbh->query($sql);
?>
<table>
  <tr><th> 書籍名 </th><th>ISBN</th><th> 価格 </th><th> 出版日 </th><th> 著者名 </th></tr>
  <?php while ($row = $statement->fetch()): ?>
  <tr>
    <td><?php echo str2html($row['title']) ?></td>
    <td><?php echo str2html($row['isbn']) ?></td>
    <td><?php echo str2html($row['price']) ?></td>
    <td><?php echo str2html($row['publish']) ?></td>
    <td><?php echo str2html($row['author']) ?></td>
  </tr>
  <?php endwhile; ?>
</table>
<?php
} catch (PDOException $e) {
    echo "エラー !: " . str2html($e->getMessage());
    exit;
```

Lesson 5 データベースと連携したWebアプリケーション

```
}
?>
</body>
</html>
```

$sqlに代入するSQL文では、表示する項目をすべて書き出しています。「*」に置き換えてもかまいません。

また、HTMLの中にループを組み込んでいるので、「:」を使用した書き方にしています。こう書くことで、すべてのHTMLタグをechoで出力するよりもわかりやすくなります。なお、「<?php echo」は「<?=」とショートタグで書くこともできます。実行すると図4のようになります。

> 79ページ **Lesson2-07**参照。

> 229ページ **Lesson5-09**参照。

図4 実行結果

書籍データベース

書籍名	ISBN	価格	出版日	著者名
PHPの本	9994295001249	980	2024-09-01	佐藤
XAMPPの本	9994295001250	1980	2024-05-29	鈴木
MdNの本	9994295001251	580	2024-04-30	高橋
2024年の本	9994295001251	10000	2024-01-01	田中
データベースの本	1234567890123	2200	2024-02-10	田中
データベースの本2	1122334455667	2600	2024-05-18	伊藤
テスト書籍名	0123456789012	2600	2024-02-28	柏岡

表が表示されましたね。では、ここで目的のアップデートするために行の選択を行います。

更新リンクを作成する

行の先頭のセルに更新用のリンクを作成します。そのリンクをクリックすると更新用のフォームが開く仕組みです。

更新の処理自体は「edit.php」という別のPHPファイルで行いますので、リンクを図5のようにします。

図5 更新用のリンク先URL

```
edit.php?id= 更新する行の ID
```

220 Lesson5-06 データを更新する仕組みを作成する

このようにして、edit.phpにGETメソッド⊕で更新対象となる行のIDを渡します。

ループの前の<th>の見出しに「更新」の1列追加し、さらにループ内でも更新の列を追加します。図6のように変更しましょう。

> 121ページ **Lesson3-05参照。**

図6 **list.php（変更部分）**

```
<tr><th>更新</th><th>書籍名</th><th>ISBN</th><th>価格</th><th>出版日</th><th>著者名
</th></tr>
<?php while ($row = $statement->fetch()): ?>
  <tr>
    <td><a href="edit.php?id=<?php echo (int) $row['id']; ?>">更新</a></td>
    <td><?php echo str2html($row['title']) ?></td>
```

リンクの完成形がわかりづらいかもしれません。「**(int) $row['id']**」はidの数値に置き換わるため、最終的には図7のようなセルができます。

図7 **生成される更新のリンク**

```
<td><a href="edit.php?id=999">更新</a></td>
```

この「999」のidの数値をデータベースから取得して利用するために、$row['id']と記述しています。

ブラウザで「list.php」を表示して、実際にリンクが思い通りになっているか確認してみましょう。edit.phpをまだ作ってないため、クリックするとエラーになりますが、カーソルをあててリンク先だけをチェックして、idがきちんと取り込まれているか、結合がきちんとされているかなど確かめてみましょう 図8 。

図8 **実行結果**

書籍データベース

更新	書籍名	ISBN	価格	出版日	著者名
更新	PHPの本	9994295001249	980	2024-09-01	佐藤
更新	XAMPPの本	9994295001250	1980	2024-05-29	鈴木
更新	MdNの本	9994295001251	580	2024-04-30	高橋
更新	2024年の本	9994295001251	10000	2024-01-01	田中
更新	データベースの本	1234567890123	2200	2024-02-10	田中
更新	データベースの本2	1122334455667	2600	2024-05-18	伊藤
更新	テスト書籍名	0123456789012	2600	2024-02-28	柏岡

1行目にカーソルをあわせるとURLに?id=1と表示

更新用の入力フォームを表示する

THEME テーマ　前セクションでは、まずはデータを更新する行のidを含むリンクを作成しました。ここではidを受け取り、データを更新するフォームを作成します。

edit.phpの処理の流れを見る

ここで作成するedit.phpは、前セクションのlist.phpが生成した更新リンクから更新行のidを受け取り、編集用のフォームを表示して、送信するところまでを受け持ちます。データベースの更新自体は、update.phpに記述することにします。

すこし流れが複雑になるので、受け持つ処理の流れを見てみましょう 図1。

図1　edit.phpの処理の流れ

① GETで更新対象のIDを取得する
② IDの値をチェックする
③ 対象IDのデータをデータベースから取得する
④ 取得したデータをフォームに配置する
⑤ フォームの内容を更新用PHPプログラム（update.php）にPOSTする

それでは、順番に見ていきます。

①GETで更新対象のIDを取得する

GETで値を取得するには、**$_GET[' ～ ']** を利用します○。list.phpからは「edit.php?id=999」という形式で更新対象のIDが渡されていますので、$_GET['id']で取得できます。

→ 121ページ　**Lesson3-05**参照。

②IDの値をチェックする

IDはP168のデータベースの作成時にオートインクリメントの数値として設定しました。phpMyAdminの左ペインで「sample_db」→「books」と選び、上の「構造」をクリックするとint(11)となっています。つまり、11桁までの数値で設定されることになります 図2 。

図2 phpMyAdminでの構造

http://localhost/phpmyadmin/tbl_structure.php?db=sample_db&table=books

このように、idが数字以外の文字列、11桁以上の数値、未入力の場合は更新が行えないのでバリデーションで弾きます。バリデーションの方法はP208で解説したISBNや定価のバリデーションと同じです。

では、edit.phpを作成していきましょう 図3 。

図3 edit.php（②までの処理）

```php
<?php
require_once 'functions.php';
if(empty($_GET['id'])) {
    echo "idを指定してください";
    exit;
}
if(!preg_match('/\A\d{1,11}+\z/u', $_GET['id'])) {
    echo "idが正しくありません。";
    exit;
}
$id = (int) $_GET['id'];
```

③対象IDのデータをデータベースから取得する

では次に対象IDのデータを取得しましょう。データベースに接続するのでfunctions.phpに作成した**db_open()**の出番です。

その後はidをSQL文に受け渡す必要があるので、プリペアードステートメントとプレースホルダーを利用することから、**preparedメソッド**を利用します（P200）。

idで抽出する際のSQL文は、P185でも触れた**SELECT WHEREの構文**になります 図4。

> **memo**
>
> SELECT WHEREの構文では、＝とLIKEのほかに、<>（等しくない）、and（かつ）、or（または）なども利用できます。

図4 SELECT WHEREの構文

```
SELECT フィールド FROM テーブル WHERE フィールド = 完全一致
SELECT フィールド FROM テーブル WHERE フィールド LIKE '%部分一致%'
```

idの場合はユニークなキーを探すので、「＝」で検索しましょう。

ここで、プリペアードステートメントの使い方を軽くおさらいしましょう。まず、プレースホルダー（:名前）を利用したSQL文を作り、preparedメソッドに渡してPDOStatementオブジェクトを生成します。PDOStatementオブジェクトのbindParamメソッドでプレースホルダーに値を当てはめ、execute()でSQL文を実行して、**fetchメソッド**でデータを取得するという流れになります。また、一件も結果がない場合fetchはfalseを返すので、その判定も入れておきます 図5。

図5 edit.php（③の処理）

```php
$dbh = db_open();
$sql = "SELECT id, title, isbn, price, publish, author FROM books WHERE id = :id";
$stmt = $dbh->prepare($sql);
$stmt->bindParam(":id", $id, PDO::PARAM_INT);
$stmt->execute();
$result = $stmt->fetch(PDO::FETCH_ASSOC);
if(!$result) {
    echo "指定したデータはありません。";
    exit;
}
var_dump($result); // 確認用のコードなのであとで削除
```

ここまでのコードを実行してみましょう。list.phpで好きな行の「更新」のリンクをクリックします 図6。

224 **Lesson5-07** 更新用の入力フォームを表示する

図6 実行結果（4行目をクリックした場合）

```
array(6) { ["id"]=> int(4) ["title"]=> string(13) "2024 年の本 " ["isbn"]=> string
(13) "9994295001251" ["price"]=> int(10000) ["publish"]=> string(10)
"2024-01-01" ["author"]=> string(6) " 田中 " }
```

　更新対象の行をidで抽出して、結果を配列で取得できている
ことがわかります。また、アドレス欄などでidの数字を打ち変え、
記事が存在しない場合には「指定したデータはありません。」と表
示されるかも確かめておきましょう。

fetchメソッドのパラメータ

　実行したSQL文の結果を取得する際に、**fetch メソッド**でパラ
メータを指定しています。P194で解説した際はなかったので、
ここで触れておきます。

　fetch メソッドのパラメータには、どのような形で値を取得す
るかを渡します。PDO:FETCH_NUM を指定すると数字がキーの配
列、PDO:FETCH_ASSOC を指定するとフィールド名がキーの配列
となります。パラメーターなしの場合は PDO::FETCH_BOTH とな
り、数字とフィールド名の両方がキーとなった配列です。ここで
はあとでわかりやすいように PDO:FETCH_ASSOC を指定しまし
た。

　なお、PHPのマニュアルによるとfetch メソッドは「結果セット
から次の行を取得する」とあります。これは1行ずつ処理するとき
などに向いています。

　ID はユニークなので1行にしかマッチしませんが、たとえばタ
イトルを LIKE で検索したときなどには、複数の行がマッチする
場合があります。これらを一気に処理したい場合は fetchAll を利
用します。

> **memo**
> PHPマニュアルにあるfetchメソッドの
> 解説は下記のページをご覧ください。
>
> https://www.php.net/manual/ja/
> pdostatement.fetch.php

Lesson 5　データベースと連携したWebアプリケーション

④取得したデータをフォームに配置する

これは取得したデータを入力フォームのvalue属性に当て込んでいけば実装できます。フォームにどのように値を入れるかについては、いくつかの書き方があります。

ひとつめは、ここまでにも使用してきたechoで出力する方法です 図7 。

図7 echoでHTMLも出力する

```
echo "<input type='title' value='$title'>";
```

ふたつめはPHPモードを終了して、HTML内で再度PHPモードから出力する方法です 図8 。

図8 PHPモードとHTMLモードを切り替える

```
<input type='title' value='<?php echo $title ?>'>
```

もうひとつ「**ヒアドキュメント**」を利用する方法もあります。名前通り、「PHPの中のここにドキュメントを入れる」という命令です。例を見てみましょう 図9 。

図9 ヒアドキュメントの例(heredoc.php)

```php
<?php
$str = <<<EOD
文字列
<s> 文字列 </s>
EOD;
echo $str;
```

まず、実行結果を見てみましょう 図10 。$strをechoしています。

図10 実行結果(ソース)

```
文字列
<s> 文字列 </s>
```

> **memo**
> $titleはstr2html()で処理した後の状態である想定です。

> **memo**
> ヒアドキュメントについてはPHPマニュアルの下記のページをご覧ください。
>
> https://www.php.net/manual/ja/language.types.string.php#language.types.string.syntax.heredoc

$strには「文字列（改行）<s>文字列</s>」の文字列がそのまま代入されていることがわかります。「<<<終端ID」と書くと、そこから「終端ID;」までの間が"などで囲まなくても文字列として扱われ、$strにそのまま格納されます。注意点としては、終端ID（ここではEOD）では行頭をスペースやタブなどでインデントしてはいけない点です。

なお、ヒアドキュメントの内部に変数がある場合は、変数を値に置き換えて保存できます。

ヒアドキュメントを使用する

では、フォームの出力にこのヒアドキュメントを使ってみましょう。フォームのvalue属性は「value='$title'」という形式で記述してください。

また、再三お伝えしていますが、外部から取得した値を出力する場合はXSS対策を必ず行いましょう。ここでも、functionsに用意してあるstr2html()を利用して特殊文字を変換します。すべての値を設定したコードは図11のとおりです。

図11 edit.php （④の処理）

```php
$title = str2html($result['title']);
$isbn = str2html($result['isbn']);
$price = str2html($result['price']);
$publish = str2html($result['publish']);
$author = str2html($result['author']);
$id = str2html($result['id']);

$html_form = <<<EOD
<form action='update.php' method='post'>
  <p>
    <label for='title'>タイトル:</label>
    <input type='text' name='title' value='$title'>
  </p>
  <p>
    <label for='isbn'>ISBN:</label>
    <input type='text' name='isbn' value='$isbn'>
  </p>
  <p>
    <label for='price'>価格:</label>
    <input type='text' name='price' value='$price'>
  </p>
  <p>
    <label for='publish'>出版日:</label>
    <input type='text' name='publish' value='$publish'>
```

227

```
    </p>
    <p>
      <label for='author'>著者:</label>
      <input type='text' name='author' value='$author'>
    </p>
    <p class='button'>
        <input type='hidden' name='id' value='$id'>
        <input type='submit' value=' 送信する '>
    </p>
</form>
EOD;
echo $html_form;
```

実行結果は 図12 となります。

図12 実行結果

⑤フォームの内容をupdate.phpにPOSTする

⑤の処理は、すでにフォームに組み込まれています。update.phpにPOSTする際の注意点をいくつか見ていきましょう。

まず、フォームの入力欄にはidがありません。これは、idは自動で付加するように設定しているため、自由な変更を許すと重複などが起こるためです。

ただし、id自体は変更を受け持つupdate.phpに渡す必要があります。idをupdate.phpに渡さないと、どの行を更新していいかわからないためです。そのため、idはhidden属性で設定しています 図13 。

図13 idをupdate.phpに渡す

```
<input type='hidden' name='id' value='$id'>
```

form要素のaction属性にupdate.php指定すれば、更新分を含むすべてのデータが渡ります。では、次セクションでupdate.phpによる実際の更新を見ていきましょう。

「<?php echo」のショートタグ

HTMLの中でPHPのコードを埋め込む際に、「<?php echo」～「?>」という形で要素や属性値を出力することはよくあります。

この際、「<?php echo」の部分は「<?=」と、短い形式で書くことができます。これをショートタグといいます。たとえば、P221のlist.phpのテーブルのHTMLを出力している箇所は、次のように記述できます。この書き方もよく使われるので、覚えておきましょう。

```
<td><a href="edit.php?id=<?= (int) $row['id']; ?>">更新</a></td>
<td><?= str2html($row['title']) ?></td>
```

Lesson 5-08 データの更新を行う

THEME
テーマ
更新データの送信までができたので、そのデータを受け取って、データベースを更新するプログラムを作成します。

update.phpの処理の流れを見る

前セクションのedit.phpでデータ更新用のフォームを表示し、送信するところまでができました。update.phpではこの更新データを受け取り、実際にデータベースに登録します。データの新規登録で利用したadd.php（P204）と同じような処理になりそうですね。まずは、update.phpの処理の流れを見てみましょう。

図1 update.phpの処理の流れ

①POSTにより変数を受け取りバリデーションを行う
②PDOによるデータベースの接続
③SQL文の準備
④値のbind
⑤完了メッセージの出力

①、②はadd.php（P204）とほぼ同じです。追加と更新で異なるのは、パラメーターにidを指定する必要がある点です。update.phpでは、いったんadd.phpの内容をコピーして、変更していくことにしましょう。

①POSTにより変数を受け取りバリデーションを行う

まずは、idのチェックを追加します。idのチェックはedit.php（P222）で行ったものと同様です。すでにedit.phpで行っており、hiddenで変更できないのだから不要と思われるかもしれませんが、フォームは他人が勝手に作成することもできてしまいます（そ

のため、実際には自サイトからのみ送信を受け付ける等の対策も
行います）。常に値を信用せず、スクリプトに入る変数を検査す
るようにしましょう。

　なお、edit.phpでは$_GET['id']で取得していましたが、今度は
フォームからhiddenで取得しているため、**$_POST['id']**と変更し
て追加します 図2 。

図2 update.php（①の処理）

```php
<?php
require_once 'functions.php';
if(empty($_POST['id'])) {
    echo "idを指定してください。";
    exit;
}
if(!preg_match('/\A\d{0,11}\z/u', $_POST['id'])) {
    echo "idが正しくありません。";
    exit;
}
if(empty($_POST['title'])) {
    echo "タイトルは必須です。";
    exit;
}
if(!preg_match('/\A[[:^cntrl:]]{1,200}\z/u',$_POST['title'])) {
    echo "タイトルは200文字までです。";
    exit;
}
…中略…
if(!preg_match('/\A[[:^cntrl:]]{0,80}\z/u',$_POST['author'])) {
    echo "著者名は80文字以内で入力してください。";
    exit;
}
```

　最初のidの部分を足しています。これでバリデーションはOK
です。

②PDOによるデータベースの接続

　これは、これまでと同様にdb_open()関数を使用します 図3 。

図3 update.php（②の処理）

```php
try {
    $dbh = db_open();
```

③SQL文の準備

更新の時のSQL文（P182）は 図4 のようなものでした。

図4 UPDATE文によるデータの更新

```
UPDATE books SET title = 'データベースの本第 2 版' WHERE books.id = 6;
```

足りないフィールドを追加しながら$sqlの内容を変更します。
今回もプリペアードステートメントを利用しましょう。

なお、phpMyAdminで出力したSQL文には「books.」のテーブル
名が指定されていましたが、省略可能です。

SQL文は 図5 のようになります。

図5 SQL文のプリペアードステートメント

```
UPDATE books SET title = :title , isbn = :isbn, price = :price, publish
= :publish, author = :author WHERE id = :id;
```

idはWHERE句に入ります。コードは 図6 のようになります。

図6 update.php（③の処理）

```php
$sql = "UPDATE books SET title = :title , isbn = :isbn, price = :price,
publish = :publish, author = :author WHERE id = :id";
$stmt = $dbh->prepare($sql);
```

④値のbind

値のbindでは、**bindParam**で基本的にそのままPOSTの値を入
れていきます。priceとidは整数にキャストしておきます。最後
のexcute()でSQL文を実行します 図7 。

図7 update.php（④の処理）

```php
$price = (int) $_POST['price'];
$id = (int) $_POST['id'];
$stmt->bindParam(":title", $_POST['title'], PDO::PARAM_STR);
$stmt->bindParam(":isbn", $_POST['isbn'], PDO::PARAM_STR);
$stmt->bindParam(":price", $price, PDO::PARAM_INT);
$stmt->bindParam(":publish", $_POST['publish'], PDO::PARAM_STR);
$stmt->bindParam(":author", $_POST['author'], PDO::PARAM_STR);
$stmt->bindParam(":id", $id, PDO::PARAM_INT);
$stmt->execute();
```

⑤完了メッセージの出力

完了メッセージでは、echoで表示するメッセージを「データが更新されました」に変更しました。その他の処理は変わりません図8。

図8 update.php（⑤の処理）

```
    echo "データが更新されました。";
    echo "<a href='list.php'> リストへ戻る </a>";
} catch (PDOException $e) {
    echo "エラー!: " . str2html($e->getMessage()) . "<br>";
    exit;
}
```

これでひとまずはupdate.phpが完成です。list.phpをブラウザで開き、「更新」をクリックして、データを変更してみましょう。list.phpの表示結果が変更されれば、更新がうまくいっています図9。

図9 実行結果（上：更新前、下：更新後）

書籍データベース

更新	書籍名	ISBN	価格	出版日	著者名
更新	PHPの本	9994295001249	980	2024-09-01	佐藤
更新	XAMPPの本	9994295001250	1980	2024-05-29	鈴木
更新	MdNの本	9994295001251	580	2024-04-30	高橋
更新	2024年の本	9994295001251	10000	2024-01-01	田中
更新	データベースの本	1234567890123	2200	2024-02-10	田中
更新	データベースの本2	1122334455667	2600	2024-05-18	伊藤
更新	テスト書籍名	0123456789012	2600	2024-02-28	柏岡

書籍データベース

更新	書籍名	ISBN	価格	出版日	著者名
更新	PHPの本（データ更新）	9994295001249	980	2024-09-01	佐藤
更新	XAMPPの本	9994295001250	1980	2024-05-29	鈴木
更新	MdNの本	9994295001251	580	2024-04-30	高橋
更新	2024年の本	9994295001251	10000	2024-01-01	田中
更新	データベースの本	1234567890123	2200	2024-02-10	田中
更新	データベースの本2	1122334455667	2600	2024-05-18	伊藤
更新	テスト書籍名	0123456789012	2600	2024-02-28	柏岡

Lesson 5-09 プログラムの共通部分を別ファイル化する

THEME テーマ　このプログラムにはいくつかの共通する処理があるので、別ファイル化して使い回せるようにします。

エラーチェックを共通化する

　前セクションで作成した update.php ですが、見直してみるとエラーチェックの部分は新規追加の add.php とまったく同じコードがあります。update.php では最初に id のエラーチェックを追加していますが、そこまでのエラーチェックはすべて新規追加と同じです。

　同じ処理があるのであれば、別ファイルにまとめて読み込む形にしたほうが使い回しができるので、コードもわかりやすくなります。P80 でも解説しましたが、この別ファイルを読み込む機能を **インクルード(include)** といいます。関数化しなくても、別ファイルに書いたコードをそのまま取り込んで実行できます。

　ていねいに共通化する場合は、それぞれのエラーチェックをひとつずつ別の function に分けるとよいでしょう。

　まず、inc ディレクトリを作成して、その中に error_check.php を作成します。update.php から下記のコード（title 以降のチェック部分）をコピー＆ペーストして移動します 図1。

図1 inc/error_check.php

```php
<?php
if(empty($_POST['title'])) {
    echo "タイトルは必須です。";
    exit;
}
if(!preg_match('/\A[[:^cntrl:]]{1,200}\z/u',$_POST['title'])) {
    echo "タイトルは 200 文字までです。";
    exit;
}
……中略……
```

```
if(!preg_match('/\A[[:^cntrl:]]{0,80}\z/u',$_POST['author'])) {
    echo "著者名は80文字以内で入力してください。";
    exit;
}
```

共通化したファイルを読み込む

update.phpからはrequire文でerror_check.phpを読み込みます。読み込み方ですが、先ほど、error_check.phpはincディレクトリを作成してその中に配置しました。ファイルが多くなってきたので、共通化するファイルはincディレクトリに配置することにします。さきに作成したfunctions.phpもこちらに移動させておきましょう。

ファイルの階層を分けて、複数のPHPファイルを読み込む際、どのディレクトリのファイルを読み込んでいるか判断が難しくなるため、**マジック定数**と呼ばれる「**__DIR__**」という記述を利用するのが一般的です。詳しくは後述しますが、「__DIR__」は記述されたファイルが存在するディレクトリの絶対パスを末尾の「/」抜きで返してくれます。後ろに相対パスをつなぐことで、ファイルの読み込み間違いがありません。

では、update.phpからincディレクトリ内に移動したerror_check.phpとfunctions.phpを読み込みましょう 図2 。

図2 update.php（先頭部分）

```
<?php
require_once __DIR__ . '/inc/functions.php';
include __DIR__ . '/inc/error_check.php';

if(empty($_POST['id'])) {
    echo "idを指定してください。";
    exit;
}
if(!preg_match('/\A\d{0,11}\z/u', $_POST['id'])) {
    echo "idが正しくありません。";
    exit;
}
try {
……以下略……
```

idのエラーチェックは共通化されていないので、残しておきます。

きちんと読み込めているか、試してみましょう。まず、list.php と edit.php を開き、inc ディレクトリに移動した functions.php の読み込みの記述を 図3 のように修正します。

図3 list.phpとedit.phpの読み込み部分を修正

```
require_once __DIR__ . '/inc/functions.php';
```

終わったら、list.php をブラウザで開き、「更新」をクリックして、日付などをルールに沿わない形に変更して更新してみましょう。正しいエラーメッセージが表示されれば、共通化は成功しています 図4 。

図4 日付をルールに沿わない形式で入力するとエラーが表示される

タイトル:	PHPの本（データ更新）
ISBN:	9994295001249
価格:	980
出版日:	2000510
著者:	佐藤

送信する

日付のフォーマットが違います。

add.php に関してもバリデーションと functions.php の読み込み部分のコードを 図5 のように差し替えてください。

図5 add.php（先頭部分）

```
<?php
require_once __DIR__ . '/inc/functions.php';
include __DIR__ . '/inc/error_check.php';

try {
……以下略……
```

「__DIR__」の仕組み

なぜ「__DIR__」を書くとよいかについて、詳しく見てみましょう。これまでの functions.php の読み込みでは 図6 のように記述していました。

図6 これまでのfunctions.phpを読み込む記述

```
include 'functions.php';
```

incディレクトリに入れた error_check.php であれば、図7 のように書けばよいと思うかもしれません。

図7 inc/error_check.phpを読み込む場合の不十分な例
```
include 'inc/error_check.php';
```

これでも現状では読み込むことはできますが、たとえば、仮にerror_check.php からさらに同階層の functions.php をインクルードしていたとすると、error_check.php からの相対パスで書くと読み込みに失敗します。インクルードの場合、コードがそのまま呼び出し元に取り込まれる形になるため、インクルードで指定するパスも呼び出し元のファイルから呼び出せる指定になっていなくてはなりません 図8 。

図8 インクルードで相対パスを指定する弊害

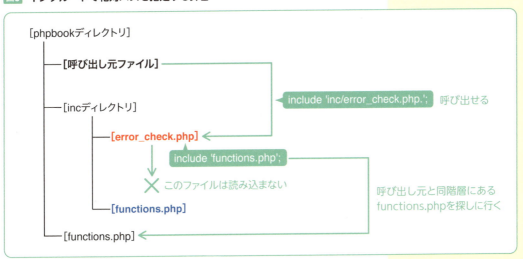

このような混乱を避けるために使われるのが「__DIR__」です。「__DIR__」は記述されたファイルが存在するディレクトリの絶対パスを末尾の「/」抜きで返すので、その後に相対パスをつなげばフルパスになります。

上図の error_check.php であれば、図9 のように書くと、呼び出し元のファイルの位置に関わらず、error_check.php と同じディレクトリ内にある functions.php がインクルードされます。

図9 __DIR__を使用した場合
```
include __DIR__ . '/functions.php';
```

includeでヘッダーとフッターを出力する

　HTMLのヘッダーとフッターも共通化して利用できるようにしましょう。あとでログイン機能をつけるなど、リンク先はこれから作成・調整するので、ひとまずは 図10 の記述を行います。

図10 inc/header.php

```
<!DOCTYPE html>
<html lang='ja'>
<head>
  <meta charset='utf-8'>
  <link rel='stylesheet' href='style.css'>
  <title> 書籍データベース </title>
</head>
<header>
  <h1> 書籍リスト </h1>
</header>
<body>
<div>
  <ul id='nav'>
    <li><a href='./'> ホーム </a></li>
    <li><a href='./input.php'> 追加 </a></li>
    <li><a href='./logout.php'> ログアウト </a></li>
  </ul>
</div>
```

　フッターは 図11 のようにしておきます。

図11 inc/footer.php

```
<footer>
<hr>
<p>Copyright 2024</p>
</footer>
</body>
</html>
```

ヘッダーとフッターの読み込み

　これらのヘッダーとフッターを読み込み、ファイル構成も整えていきます。リスト表示するlist.phpがトップページになるため、**index.php** に名前を変え、図12 のようにHTMLのヘッダーとフッターを読み込む形に変更します。元々書いてあったHTMLの要素は削除しましょう。

238　Lesson5-09　プログラムの共通部分を別ファイル化する

図12 index.php（list.phpより変更）

```php
<?php
require_once __DIR__ . '/inc/functions.php';
include __DIR__ . '/inc/header.php';  // この行を追加
try {
    $dbh = db_open();
    ……中略……
} catch (PDOException $e) {
    echo "エラー!: " . str2html($e->getMessage()) ;
    exit;
}
?>
<?php include __DIR__ . '/inc/footer.php';  // この行を追加
```

　ヘッダーはindex.phpの初めの出力よりも前に出力したいので、tryの外側でincludeします。

　footerについては最後に出力しましょう。footerにはHTMLが記述してあるだけなので、可読性のためにも一度 **?>** タグで終了し、あらためて読み込みました。add.php と update.php も同様に、処理の前後でヘッダーとフッターをインクルードします **図13**。

図13 add.phpとupdate.phpの変更

```php
<?php
require_once __DIR__ . '/inc/functions.php';
include __DIR__ . '/inc/error_check.php';
include __DIR__ . '/inc/header.php';  // この行を追加
……中略……
    echo "<a href='index.php'>リストへ戻る</a>";  // リンク先を index.php に変更
} catch (PDOException $e) {
    echo "エラー!: " . str2html($e->getMessage()) ;
    exit;
}
?>   // この行を追加
<?php include __DIR__ . '/inc/footer.php';  // この行を追加
```

そのほかのファイルの処理

　edit.phpについても考え方は同様です。HTMLの出力の前と後にそれぞれ読み込みましょう。ヒアドキュメントで設定しているので、$html_formを出力する前後にincludeを入れればよいでしょう **図14**。

図14 edit.phpの変更

```php
<?php
require_once __DIR__ . '/inc/functions.php';
……中略……
$html_form = <<<EOD
<form action="update.php" method="post">
  <p>
……中略……
EOD;
include __DIR__ . '/inc/header.php'; // この行を追加
echo $html_form;
include __DIR__ . '/inc/footer.php'; // この行を追加
```

　データの追加の入力フォームであるadd.htmlも変更します。
HTMLからはincludeができないので、input.phpに名前を変更し、
<form>〜</form>の前後でincludeします 図15 。

図15 input.php（add.htmlより変更)

```php
<?php include __DIR__ . '/inc/header.php'; ?> // この行を追加
<form action="add.php" method="post">
…中略…
</form>
<?php include __DIR__ . '/inc/footer.php'; // この行を追加
```

　このようにPHPタグでくくって1行にすると、HTMLとの親和
性があがって見やすくなります。

240　Lesson5-09　プログラムの共通部分を別ファイル化する

Lesson 6

ログイン処理と
セッション

最後に、Webアプリケーションにログイン機能を追加します。ログインする際には、ユーザ名とパスワードを入力して、それらが正しいか判定します。簡易的なトークン機能も実装してみましょう。

準備 ▷ 基礎 ▷ 練習 ▷ 実践 ▷

データベースに ユーザを登録する

THEME テーマ ここからは、Lesson 5で作成したアプリケーションにログイン機能をつけていきます。まずはデータベースにユーザを登録します。

ユーザテーブルを作る

ログイン機能をつけるために、まずはログインできるユーザのテーブルを作成します。phpMyAdmin上で、booksテーブルを作成したときと同様にusersテーブルを作成しましょう。

phpMyAdminの左ペインで「sample_db」を開き、「新規作成」をクリックします。テーブルの作成画面が開くので、テーブル名を「users」とし、図1のようにフィールドを設定します 図2。

図1 フィールドの設定

名前	データ型	長さ／値	その他
id	INT	空欄	A_Iにチェック
username	VARCHAR	255	
password	VARCHAR	255	

図2 設定画面（上：設定画面　下：保存後の一覧画面）

アクセス権限はユーザを作成したときにsample_db全体にかけていますので、設定不要です。

　別の作り方をした場合は、権限からユーザに権限を付与するか、新しいユーザを作成して、アクセス権を付与してください⤵。

　ここでは手動でphpMyAdminにユーザ名とパスワードを追加します。また、パスワードはコマンドラインから**ハッシュ化**した値を格納します。

> 169ページ　**Lesson4-02**参照。

コマンドラインを使ってみる

　コマンドラインは環境によってディレクトリ等に違いはありますが、まず、Windowsの場合は「コマンド プロンプト」、Macの場合は「ターミナル」を起動し、図3 図4 のように入力してみてください。

> **memo**
> コマンドラインが面倒に感じる場合は、PHPファイルを作成して実行する方法についてもあとで触れます。

> **WORD　ハッシュ化**
> 一定の法則に則って文字列を難読化させること。万が一、内容が漏洩した場合でも元のデータを推測させないためハッシュ化が利用される。

図3　Windowsの場合

```
> cd C:¥xampp¥php
> php -v
```

図4　Macの場合

```
$ /Applications/XAMPP/bin/php -v
```

　cd は XAMPP の PHP がインストールされているディレクトリに移動しています。ここで**「php -v」**とすると、PHPのバージョンが表示されます。図5 のように表示されれば、コマンドラインでPHPの実行ができています。

> **memo**
> XAMPPをインストールした時期により、表示されるバージョンは変わります。

図5　実行結果

```
PHP 8.2.12 (cli) (built: Oct 24 2023 21:15:15) (ZTS Visual C++ 2019 x64)
Copyright (c) The PHP Group
Zend Engine v4.2.12, Copyright (c) Zend Technologies
```

　「php -r」とすると、PHPのプログラムをコマンドラインで実行することができます。

　簡単なサンプルを見てみましょう 図6 。

> **memo**
> Macの場合はPHPがあらかじめインストールされているので、たんに「php -v」と打っただけだとXAMPP内のPHPではなく、インストール済みのPHPが実行される場合があります。そのため、XAMPPにインストールされているPHPを使いたい場合は、「php」の前に「/Applications/XAMPP/bin/」を付けるようにしましょう。また、エラーが出る場合は、「'」ではなく「"」で囲むと動作する場合があります。

図6　コマンドラインでPHPを実行

```
> php -r "$a=1;$b=2;echo $a+$b;"
```

　3と表示されるはずです。ちょっとした関数の確認や、PHPファイルにせずにコードを実行したい場合などに便利です。

コマンドラインでパスワードをハッシュ値に変換する

データベースにユーザを登録する際、パスワードをそのまま保存すると、セキュリティ上の極めて重大な問題が起こります。そこで、パスワードをコマンドライン上でハッシュ値に変換し、それを登録します。ここではPHPのpassword_hash()関数を利用してハッシュ化を行います。

まずは、パスワードを決めてください。10〜20文字程度であれば十分な強度になると思います。決めたら、図7のようにコマンドラインを実行します。

図7 パスワードからハッシュ値を取得するコマンド

```
> php -r "echo password_hash('*** パスワード ***',PASSWORD_DEFAULT);"
```

*** パスワード *** の部分を利用したいパスワードに変更して実行します。

仮に図8のようなパスワードを設定して実行したとします。

図8 パスワードを指定した実行例

```
> php -r "echo password_hash('aBcDeF2468@=', PASSWORD_DEFAULT);"
```

図9のような英数字の羅列が表示されたことでしょう。これがパスワードをハッシュ化した値になります。

図9 ハッシュ化されたパスワード

```
$2y$10$yy2yFBz6Fum5A3Aef8kVBeuENWgUjs4C9s5vfUuwW4BPGpttnfste
```

ちなみに再実行するとハッシュ値も変わりますが、いつのタイミングで生成したものでも利用可能です。

PHPファイルでハッシュ値を生成する

コマンドラインで実行できない場合はいままで同様にPHPファイルでも作成できます図10。

図10 sample_password.php

```php
<?php
$password = 'aBcDeF2468@=';
echo password_hash( $password, PASSWORD_DEFAULT );
```

244 Lesson6-01 データベースにユーザを登録する

同じ処理ですが、わかりやすいように改行を入れています。このように作成してブラウザから確認してもよいでしょう（フォームと連動させるなどして、パスワードとハッシュ値をすぐに生成できるようにするのも便利です）。
　ただし、公開された場所にこのようなスクリプトを置いておくことは望ましくありません。実際はアクセスできない場所で管理しましょう。

ハッシュ値をデータベースに登録する

　いくぶん説明が長くなりましたが、このハッシュ値をデータベースに登録しましょう。phpMyAdminで左ペインから「users」を選択し、上部のメニューから「挿入」をクリックします。
　「username」にはログインに利用する名前、「password」には先ほど取得したハッシュ値を入力して実行します 図11 。

図11 ユーザとパスワードの登録（上：登録画面　下：保存後の画面）

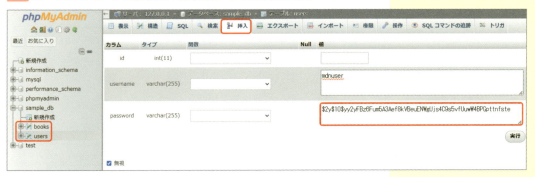

　これでログインの準備が整いました。次セクションでこのusersテーブルにアクセスして、ユーザ認証を行うプログラムを作成していきましょう。

ログイン処理を行う

THEME テーマ ユーザとパスワードの登録が終わりましたので、続けてログイン処理を行うプログラムを作成していきます。

ログイン処理の流れ

データベース上にユーザとパスワードが登録できましたので、この情報をもとにユーザのログインを行う仕組みを作成していきます。まず、処理の流れを見てみましょう 図1 。

図1 ログインの処理の流れ

①ログインフォームの表示
②入力値のチェック
③データベースからユーザ情報を取得
④ユーザ情報の照合
⑤セッションにログイン情報を追加

この流れでプログラムを作成していきます。

セッションについて

プログラムを書き始める前に、**「セッション」**という聞き慣れない言葉が出てきましたので、すこし説明しましょう。

セッションは、ページをまたいで情報を共有できる仕組みです。たとえばECサイトでショッピングをしたときに、カートに入れた商品は別のページに行った後でもカートに入ったままになっています。あのようなページをまたいだ情報共有の仕組みを一般にセッションと呼びます 図2 。

PHPのセッションは、**session_start()**関数で開始します。この関数はPHPスクリプトの先頭に記述する必要があります。**session_destroy()**関数でセッションを破棄します。セッションに

情報を格納するには **$_SESSION** という変数を使います。$_POSTや$_GETと同じような記述の仕方ですね。

図2 PHPのセッションの仕組み

簡単なサンプルを見てみましょう 図3 図4 。

図3 a.php

```
<?php
session_start();
$_SESSION['a']++;
echo $_SESSION['a'];
```

図4 b.php

```
<?php
session_start();
echo $_SESSION['a'];
```

「++」はインクリメント（P56）で、処理が通るたびにカウントアップされます。

まず、a.phpにアクセスしましょう。1回目は 図5 のようにWarningとともに「1」が表示されるはずです。

図5 実行結果①

```
Warning: Undefined array key "a" in …略…a.php on line 3
1
```

memo
このWarningは「a」が初期化されてないとの指摘です。ここでは、セッションの挙動を確認する用途なので無視してください。

リロードを繰り返すと数字がカウントアップしていきます。ま
ず、通常はリロードしたときにはプログラムが頭から再度走るの
で、普通の変数とは異なることがわかります。以前の状態をセッ
ションが保持しているためカウントアップが可能です。それでは
この状態でブラウザで別タブを開き、b.phpを開いてみましょう。
先ほど回数が引き継がれています 図6 。

図6 実行結果②（a.phpをリロードして5になっていた場合）

5

　このように、同じブラウザ内部でブラウザが開いている間は値
を保持してくれます。別のブラウザがあるときは、それで同じ
URLにアクセスしてみてください。数字はまた1からカウントアッ
プされていきます。これはブラウザ上のクッキーを通してセッ
ション情報を扱っているためです。では、このセッションの仕組
みを踏まえて、ログインのプログラムを作っていきましょう。

①ログインフォームの表示

　まずは、ログインフォームの表示を行います。「login.php」のファ
イル名で作成していきます 図7 。

図7 login.php（①の処理）

```php
<?php
session_start();
require_once __DIR__ . '/inc/functions.php';
include __DIR__ . '/inc/header.php';
?>
<form method='post' action='login.php'>
  <p>
    <label for="username"> ユーザ名 :</label>
    <input type='text' name='username'>
  </p>
  <p>
    <label for="password"> パスワード :</label>
    <input type='password' name='password'>
  </p>
  <input type='submit' value=' 送信する '>
</form>
```

まず、session_start(); を記述し、さらにP234と同様に「inc/functions.php」と「/inc/header.php」を読み込みます。

その後にシンプルなフォームのHTMLをまず記述してしまいましょう。postの送信先はこのlogin.php自身にします

②入力値のチェック

ユーザ名、パスワードが入力されたかのチェックを行います。ファーマットなど細かくチェックすることはできますが、登録ではありませんので未入力チェックを行えばよいでしょう。

また、すでにログイン済みかのチェックも行いましょう。ログイン済みの状態であれば、さらにログインする必要はないためです（二重ログインなどを行う場合は仕様の検討も必要です）。あとで処理を書きますが、ログインした際に **$_SESSION['login']** をtrueに設定するので、これがtrueかfalseかを確認すれば、ログイン済みかどうかを判断できます。

チェックの結果、未入力かログイン済みであれば、データベースへの照合を行う前にプログラムを終了します。両方ともempty() で判断できます 図8 。

> 210ページ **Lesson5-04**参照。

図8 **login.php（②の処理）**

```php
<?php
if(!empty($_SESSION['login'])) {
    echo "ログイン済です <br>";
    echo "<a href=index.php> リストに戻る </a>";
    exit;
}

if((empty($_POST['username'])) || (empty($_POST['password']))) {
    echo "ユーザ名、パスワードを入力してください。";
    exit;
}
```

③データベースからユーザ情報を取得

データベースからユーザネームを検索し、パスワードのハッシュ値を取得します。SQL文は 図9 のようになります。

図9　ユーザ名からパスワードをSELECT文で取得

```
SELECT password FROM users WHERE username = $_POST['username']
```

これまでと同様にプレースホルダーとプリペアードステートメント（P200）を使用してこのSQL文を実行します。パスワードをデータベースから取得し、取得に失敗した場合（＝一致するユーザ名がない場合）は、「ログインに失敗しました」とメッセージを表示しましょう 図10 。

図10　login.php（③の処理）

```
try {
    $dbh = db_open();
    $sql = "SELECT password FROM users WHERE username = :username";
    $stmt = $dbh->prepare($sql);
    $stmt->bindParam(":username", $_POST['username'], PDO::PARAM_STR);
    $stmt->execute();
    $result = $stmt->fetch(PDO::FETCH_ASSOC);
    if(!$result) {
        echo "ログインに失敗しました。";
        exit;
    }
……次の処理④が入る……
} catch (PDOException $e) {
    echo "エラー!: " . str2html($e->getMessage());
    exit;
}
```

$resultにパスワードを取得しています。if文では$resultが存在するか、falseかの判定を行っています。該当する行がない場合は、$resultがfalseになり、その時点でユーザ名が間違っていることになります。この際、「ユーザ名が違います」などと表示してもよいですが、攻撃者へのヒントになる危険もあるため、詳細なエラーメッセージを表示することは推奨しません。

④ユーザ情報の照合

　ここまで処理が続いているということは、データベースにユーザ名（username）が存在している状態です。

　入力されたパスワードとテーブルから取得したパスワードがマッチするかの照合を行います 図11 。

図11 login.php（④の処理）

```php
if(password_verify($_POST['password'], $result['password'])){
    session_regenerate_id(true);
    $_SESSION['login'] = true;
    header("Location: index.php");
}else{
    echo  'ログインに失敗しました。(2)';
}
```

ハッシュ値を使用したパスワードの照合

　パスワードの照合には **password_verify()関数** 図12 を使用します。

図12 password_verify()関数

password_verify （ パスワード文字列 ， ハッシュ値文字列 ）	
概要	パスワードがハッシュにマッチするかどうかを調べる
返り値	一致すれば true、しなければ false
詳細	https://www.php.net/manual/ja/function.password-verify.php

　users テーブルにデータを設定した時点で、password は別途 password_hash() で作成したハッシュ値を使いました。

　ハッシュ値は平文ではない状態ですので、もしテーブル内の値が悪意のある人に見られたとしても、元のパスワードがすぐにはわからない仕組みになっています。

　その反面、＝＝＝で簡単に等しいかどうかは判定できません。そのため、password_hash() で作成したハッシュを照合するときは password_verify()関数を利用する仕組みになっています。引数に入力されたパスワードと、テーブルから取得したパスワードを指定して実行すると、照合が成功した場合は true を返します。

合わなかった場合はfalseとなるので、if文でfalseの際にはメッセージを表示して処理を中断しています。ここでもメッセージは詳細に出してはいませんが、開発時点ではパスワードの不一致かどうかが区別できたほうがよいため、「(2)」と付けておきました。

照合に成功した場合の処理

照合に成功したら、ここでセッションの出番です。まず、「session_regenerate_id(true);」としていますが、**session_regenerate_id()関数** 図13 は、古いセッションを破棄して新しいセッションを生成する関数です。

図13 session_regenerate_id()関数

session_regenerate_id（ 古いセッションを破棄するかどうかの真偽値 ）	
概要	現在のセッション ID を新しく生成したものと置き換える
返り値	成功した場合は true、失敗したら false
詳細	https://www.php.net/manual/ja/function.session-regenerate-id.php

この session_regenerate_id()関数を利用すると、セッションIDが再度作成されて、以前に利用されたセッションIDを使った攻撃を無効化します。パスワードの変更機能がある場合には、セッションを乗っ取った後にパスワードの変更を促すような攻撃もよく発生しています。商業サイトなどで、ログインしているにもかかわらず再度パスワードを求められたり、2段階認証が行われたりするのはこのためです。

次に、セッション変数 $_SESSION['login'] を true にすることで、ログイン状態を保持します。セッションは先ほど試したように、別URLでも状態を引き継ぎます。ログイン済みかどうかはこの変数の内容がtrueかをどうかで確認できます。

> **memo**
> このようなセッションの管理については IPAによる「安全なウェブサイトの作り方 - 1.4 セッション管理の不備」が参考になるので、ぜひ目を通してください。
>
> https://www.ipa.go.jp/security/vuln/websecurity/session-management.html

252 Lesson6-02 ログイン処理を行う

トップページへの自動遷移

さらに、ログインが完了したので、index.php（トップページ）に自動的に遷移させましょう。**図14** のように記述すると、Location: の後に続けた URL へ遷移します。**header()関数**は、HTTPヘッダを送信する関数です。

図14 index.phpへの自動遷移

```
header("Location: index.php");
```

動作を確認する

実際に login.php にアクセスして、設定したユーザ名とパスワードでログインしてみましょう。

ログインパスワードはデータベースに保存したハッシュ値ではなく、P244でコマンドプロンプトを操作した際に、password_hash()関数のパラメータに指定したものです。

index.php が表示されても、現時点ではログインできているか判定できませんので、確認用スクリプトを用意してみます**図15**。

ブラウザから「login_check.php」にアクセスして、メッセージが表示されていたらログインは失敗です。exit; の前に「var_dump($_SESSION)」などのコードを加えて、変数の状態を確認してみてください。

ログインが成功しているときは何も表示されませんが、HTMLのソースにコメントで「<!-- ログイン中 -->」と表示されます。

> **memo**
> 最初のif文では、$_SESSIONが存在するかどうかを調べ、存在していない場合にのみsession_start()を実行しています。このif文がないと、すでにセッションが存在する場合にNoticeのエラーが発生します。

図15 login_check.php

```php
<?php
if(!isset($_SESSION)){
    session_start();
}
if(empty($_SESSION['login'])) {
    echo "このページにアクセスするには <a href='login.php'> ログイン </a> が必要です。";
    exit;
}
echo "<!-- ログイン中 -->";
```

ログイン時のみ
操作できるようにする

Lesson 6 - 03

THEME テーマ　ログイン処理を実装できたので、これまでのアプリケーションの操作にログインが必須となるように変更します。

ログイン時に操作できるページを決める

せっかくログイン処理を実装したのですから、ログイン時のみに操作できるように変更してみましょう。

いろいろなページを作りましたので、まずは現時点でのページをいったん整理してみます 図1 。

図1 現状のページ一覧

ページの種類	ファイル名	詳細	ログイン
トップ	index.php	一覧表示する	必要
追加	input.php	実際の追加は add.php	必要
更新	edit.php	実際の更新は update.php	必要
ログイン	login.php	ログイン後に index.php へ遷移	不要
ログイン確認	login_check.php	ログインの確認	不要

これらのページのなかで、ログインが必要ないページはログインページとログイン確認ページのみとします。

したがって、index.php、input.php、edit.php は、ログインが行われていない場合はアクセスを拒否する処理を入れましょう。

ログインの確認処理を組み込む

login_check.phpはログインの確認用なので、これを各スクリプトの最初に読み込みます。図2の1行を3つのファイルの先頭に追加してください。

図2 **index.php、input.php、edit.phpの先頭に追加**

```
<?php require_once __DIR__ . '/login_check.php'; ?>
```

ログアウトの処理を実装する

ログインしていないときの見え方を確認するためにも、ログアウト機能があったほうが便利です。ログアウト用のlogout.phpを作成します図3。

図3 **logout.php**

```php
<?php
session_start();
$_SESSION = array();
session_destroy();
header("Location: login.php");
```

> **memo**
> この書き方はセッション全体を初期化します。たとえば、P247で作成したカウントアップのセッションもクリアされます。

このスクリプトでは図4の処理を行っています。

図4 **logout.phpの処理**

①セッションをスタートする

②セッション変数を初期化する

③セッションを破棄する

④header()関数でログインフォームを表示する

P238で作成したHTMLのヘッダーのナビゲーションに「ログアウト」としてlogout.phpへのリンクを設置しているので、アクセスしてログアウトしてみましょう。ログアウト、ログインを繰り返して正しくスクリプトが機能しているか確認してください 図5 図6 。

図5 実行結果（ログイン時のindex.php）

書籍リスト

ホーム　　　追加　　　ログアウト

更新	書籍名	ISBN	価格	出版日	著者名
更新	PHPの本（データ更新）	9994295001249	980	2024-09-01	佐藤
更新	XAMPPの本	9994295001250	1980	2024-05-29	鈴木
更新	MdNの本	9994295001251	580	2024-04-30	高橋
更新	2024年の本	9994295001251	10000	2024-01-01	田中
更新	データベースの本	1234567890123	2200	2024-02-10	田中
更新	データベースの本2	1122334455667	2600	2024-05-18	伊藤
更新	テスト書籍名	0123456789012	2600	2024-02-28	柏岡

図6 実行結果（非ログイン時のindex.php）

このページにアクセスするには ログイン が必要です。

そのほかのPHPファイル

一覧に載っていないそのほかのファイルについては、どうでしょうか？

まず、incディレクトリ内にはfunctions.phpやerror_check.php、header.phpやfooter.phpなどが存在します。

これらのファイルに関しては、functions.phpは直接アクセスしても何も表示されませんし、error_check.phpやheader.phpやfooter.phpは表示されても重大な情報は含まれていません。

現在はローカルの環境なのでhtdocs配下にファイルを置いていますが、実際にはhtdocsよりも上のディレクトリやWebからのアクセスが不可なディレクトリに配置するなどして、不正アクセスされないようにします。incディレクトリ内のPHPファイルに関しては今回はこのままとしておきます。

危険なのはフォームの入力を受け取るPHP

問題は、登録を行うadd.phpや更新を行うupdate.phpです。これらは直接アクセスされるとエラーが表示されるなど、実行されてしまっています。

この状態ではCSRF（Cross-Site Request Forgeries：クロスサイトリクエストフォージェリ）の危険があり、意図しないコードの実行などが行われる可能性があります。

次セクションでは、最後にこのCSRFへの対策を行います。

ONE POINT　Webアプリケーションを公開する際の注意点

本書では開発環境にXAMPPを利用しているため、プログラムのWebサーバでの公開は前提としていません。そのため、セキュリティの対策として不十分な点もあります。

たとえば、ソースコードの中にデータベースのIDやパスワードを記述して、そのファイルがアクセス可能な場所（htdocs配下）に設置してしまっています。これは、実際にWebサーバ上で公開する場合は極力行わないでください。

htdocsよりも上の階層に設置したり、権限の設定でアクセスできないようにする、そもそもソースコードに書かない、といった対策を行う必要があります。WebサーバにPHPプログラムを公開する際の注意点や検討する必要がある点をいくつか挙げておきましょう。

① パスワードなどの秘匿情報は抜き出して、htdocsの外に置く（環境変数や.envファイルなど）
② フレームワークを利用し、フレームワークのセキュリティ方針に従う
③ クラウドサービスやレンタルサーバの推奨する方法に従う

プログラムを書く場合、プログラムのロジックやサーバ設定が正しく動いていれば覗き見されないという前提でまず対策を行いますが、万が一気付いていない抜け穴があったとしても、アクセスされる可能性をゼロに近づける努力が必要です（ファイルが取得されたとしてもそこに重要データは書いていない。データが流出しても個人情報を特定するものがない等）。

またIPAの「安全なウェブサイトの作り方」は非常に有用ですので、ぜひ一度目を通してください。

https://www.ipa.go.jp/security/vuln/websecurity.html

トークンを利用してCSRF対策を行う

THEME テーマ　PHPコードをWebに公開する場合、脆弱性を抱えていると攻撃者に利用される可能性があります。これまで触れたXSS対策に加え、CSRF対策も不可欠です。

CSRF対策

前セクションの最後に触れたように、add.phpとupdate.phpにCSRF対策を行っていきます。

まず、add.phpとupdate.phpが抱える脆弱性を見てみましょう。これらのスクリプトは、フォームの値を受け取り、その値にしたがってデータベースの更新を行います。

たとえば第三者が入力フォームを別のサイトやローカルに作成し、このスクリプトに実行させることが可能です。この脆弱性をCSRFといいます 図1。

公開サーバなどに配置したときに、指定したページからのリクエストのみに限定する必要があります。

memo
XAMPPの環境では、ローカルマシンにPHPが存在するだけなので、そのローカルマシンに外部からアクセスできない状態であれば安全です。

POINT
CSRFをはじめとしたセキュリティに関わる処理について自前のプログラムで対応するは非常に大変です。また、安全のためには将来に渡ってメンテナンスを続けなければなりません。本格的な開発でCSRF対策する場合には手作りのCSRF対策ではなく、フレームワークに備えられたCSRF防御機能を活用するとよいでしょう。

図1　CSRFの脆弱性

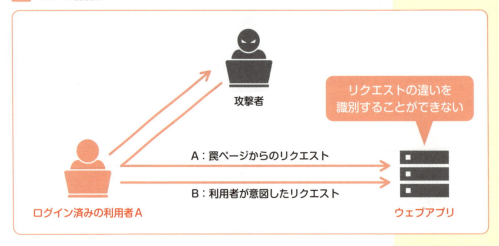

CSRF対策にはトークンが有効

　CSRF対策では**トークン**という仕組みが有効です。トークンはプログラミングの世界で「鍵」、「合言葉」、「符号」のような意味あいで使われます。

　合言葉があわないと門を開かないといったイメージです 図2 。

図2　トークンのイメージ

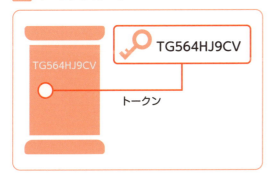

　入力フォームにトークンを仕込み、受け取るPHP側ではそのトークンが正しいものかを判断します 図3 。

図3　トークンのやりとり

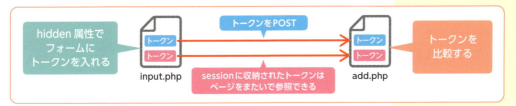

トークンの認証の流れ

　では、トークンの仕組みを組み込んでいきます。まずは処理の流れを見てみましょう 図4 。

図4　トークン認証の流れ

①トークンを作成する
②トークンをセッションとフォームに設定する
③入力データをPOSTする（トークンも含む）
④受け取った側でセッションのトークンとPOSTされた値を照合する

この手順にそって修正を行っていきましょう。フォームを表示する側（input.phpとedit.php）と、フォームから送信されたデータを処理する側（add.phpとupdate.php）の両方に対策が必要です。

①トークンを作成する

まずは新規追加を受け持つinput.phpとadd.phpに対策を行います（更新を受けもつedit.phpとupdate.phpも同様の処理を行えます・後述）。トークンを作成するために、まずはinput.phpの先頭に次の行を追加します 図5 。

図5 input.php（先頭部分）

```php
<?php
session_start();
$token =  bin2hex(random_bytes(20));
$_SESSION['token'] = $token;
?>
```

ここでは**random_bytes()関数**と**bin2hex()関数**を使用しています。まずは random_bytes()関数 図6 を見てみましょう。この関数は暗号化の用途にあった、暗号論的にランダムなバイト列を任意の長さの文字列として生成します。

図6 random_bytes()関数

random_bytes （ バイト列の長さ ）	
概要	暗号論的に安全な、疑似ランダムなバイト列を生成する
返り値	ランダムなバイト列（文字列）
詳細	https://www.php.net/manual/ja/function.random-bytes.php

トークンには、セッションごとに推測されないランダムなものを生成して利用するため、このようなランダム化できる関数が利用されます。次に使われているのが**bin2hex()関数** 図7 です。

図7 bin2hex()関数

bin2hex （ 文字列 ）	
概要	バイナリのデータを 16 進表現に変換する
返り値	16 進数の文字列
詳細	https://www.php.net/manual/ja/function.bin2hex.php

　このふたつの関数を組み合わせることによって利用可能なトークンを作ることができます。

　なぜbin2hex()関数が必要かというと、random_bytes()で生成されるのは文字列ではあるものの、バイナリデータであるためです。ためしに 図8 のようなコードを実行してみましょう。

図8 random_bytes.php

```php
<?php
$token = random_bytes(20);
echo $token;
```

　ブラウザ上では、文字化けしたように見えるはずです 図9 。

図9 実行結果

��> U9�\2�6%� zse

　これをフォームのhidden属性やsessionに保存して比較できるようにするためには、文字列型にする必要があるため、bin2hex()関数でバイナリデータを16進数に置き換えています。これで文字として保存できるようになります 図10 図11 。

図10 random_bytes2.php

```php
<?php
$token =  bin2hex(random_bytes(20));
echo $token;
```

図11 実行結果

f5e7df95953e4905d40e1dab79460c27121a1a78

　さらに変換したトークン文字列を **$_SESSION['token']** に代入して、セッションで扱えるようにしています。

②トークンをセッションとフォームに設定する

$tokenはセッションキーの$_SESSION['token']に保存しました。さらに、フォームのhidden属性にも設定しましょう。

トークンは毎回ランダムな文字列になるため、悪意のある外部のフォームがあったとしても、このセッションに保存したトークンと同じ文字列をhiddenに置くことはできません。hiddenは送信ボタンの前に配置しましょう 図12。

図12 input.php（フォームの変更部分）

```php
<p class='button'>
    <input type='hidden' name='token' value='<?php echo $token ?>'>
    <input type='submit' value=' 送信する '>
</p>
```

③入力データをPOSTする（トークンも含む）

この処理は、実際にフォームで送信ボタンをクリックするだけです。これでフォーム側の変更は完了です。次は受け取り側のadd.phpを修正しましょう。

④トークンとPOSTされた値を照合する

これは、POSTで受け取った値と$_SESSION['token']の比較になります。組み合わせが違う場合はその後の処理は中止します。ログインチェック時の処理と似ているので、同様に別ファイルにトークンチェック用のPHPファイル「token_check.php」を作成し、add.phpの先頭でincludeする形にしてみましょう。token_check.phpは次のようになります 図13。

図13 token_check.php

```php
<?php
if (!isset($_SESSION)) {
    session_start();
}
if (empty($_POST['token'])) {
    echo "エラーが発生しました。";
```

```
    exit;
}
if (!(hash_equals($_SESSION['token'], $_POST['token']))) {
    echo "エラーが発生しました。(2)";
    exit;
}
```

　初めに if (!isset($_SESSION)) で条件判定し、もしセッションが始まっていない場合はセッションをスタートさせます。

　次の if 文からがチェックです。トークンの POST がないものは、それだけで終了させてしまいましょう。自分で作成したものにはhidden でトークンを加えるため、正規のフォームではないと断定できます。

　最後の if 文に **hash_equals()** 図14 という、名前から役割が想像できる関数が出てきました。

> **memo**
>
> isset()とempty()はおおむね反対の働きをもちますが、空文字や空の配列の扱いなど、細かい点で挙動が異なります。詳しく知りたい方はPHPのマニュアルをご参照ください。
>
> https://www.php.net/manual/ja/types.comparisons.php

図14 hash_equals()関数

hash_equals （ 既知の文字列 ， 比較対象文字列 ）	
概要	タイミング攻撃に対して安全な文字列比較を行う。2つの文字列が等しいかどうか、同じ長さの時間で比較する
返り値	一致した場合は true、一致しない場合は false
詳細	https://www.php.net/manual/ja/function.hash-equals.php

　概要に**「タイミング攻撃」**というキーワードが出てきました。このタイミング攻撃とは、比較にかかる時間を測定し、値を推測する攻撃を指します。比較にかかる時間を同じにすることでタイミング攻撃による推測が難しくなるため、ハッシュ値の検証などに使われる関数です。判定の時間が異なるだけで、機能的には === で比較するときと同じで、単純に POST された文字列とセッションの文字列が一致するかどうかを比較しています。

　一致する場合は true になります。ここでは一致しない場合にメッセージを出して終了したいので、if の条件では否定の ! で判定しています。

　ここでもあまり細かくエラーメッセージを出すのはやめましょう。「トークンがありません」や「トークンが違います」とエラーを出した場合、トークンが必要なことや、トークンの名前があってるかなどの情報が攻撃者に渡ってしまいます。

add.phpへの変更

add.phpでは、前述の通り先頭部分にこのtoken_check.phpをインクルードします 図15 。

図15 add.php（先頭部分）

```php
<?php
require_once __DIR__ . '/token_check.php';
…以下省略…
```

動作を確認する

それでは、動作を試してみましょう。トップページから**「追加」**をクリックするとinput.phpにアクセスできます。

まずはデータを入力して送信し、正しく登録できるか試してみてください。

それが終わったら、input.phpのtokenの部分を 図16 のようにコメントアウトして、正しくエラーが出るかを確認しましょう 図17 。

図16 input.phpで一時的にコメントアウト

```
<input type='hidden' name='token' value='<?php //echo $token ?>'>
```

図17 正しいエラーの状態

> エラーが発生しました。

登録が正しく完了してしまったら、コードが想定通りに動作していないので、順に見直しましょう。

きちんとエラーが発生したら、コメントアウトした部分を戻しておいてください。

> **memo**
> input.phpを事前にコピーしてindex_no_token.phpなどとして保存しておき、そちらにはトークンの対策を入れずに確認するなども可能です。

更新処理にもCSRF対策を行う

更新処理についても基本的な作業は同じです。まず、edit.phpにはファイルの先頭とヒアドキュメント内のsubmitの前に 図18 の行を追加します。

264　Lesson6-04　トークンを利用してCSRF対策を行う

図18 edit.php

```php
<?php
session_start();
$token =  bin2hex(random_bytes(20));
$_SESSION['token'] = $token;
?>
…中略…
    <input type='hidden' name='id' value='$id'>
    <input type='hidden' name='token' value='$token'>
    <input type='submit' value=' 送信する '>
}
…以下省略…
```

ヒアドキュメント内なのでechoがなくても出力できます。

　実際に更新を処理するupdate.phpでは、フォームからPOSTされたトークンとセッションに保存されたトークンを照合するため、先頭にtoken_check.phpのインクルード命令を追加しましょう **図19**。

　修正が終わったらフォームのtoken部分をコメントアウトしたり、別フォームを作るなどして、正しくトークンのチェックが働くか確認しましょう。

図19 update.php

```php
<?php
require_once __DIR__ . '/token_check.php';
…以下省略…
```

*

　これで本書でのPHPを利用したWebアプリケーションの作成は終了です。作り上げたアプリケーションにいろいろな入力をしてみたり、新しい機能を追加してみるなど、ぜひさまざまなチャレンジをしてみてください。

　本書でお伝えしたことは、プロになるためのファーストステップです。もし楽しいと感じたのであれば、ぜひチャレンジを続けてください。ここまで辿り着いたみなさんであれば基礎ができているので、制作現場でよく使われるLaravelやCakePHPなどのフレームワークを利用したWebアプリケーションの作成にも対応できることでしょう。

　PHPはカンファレンス等のイベントもさかんに開催されており、筆者もよく参加しています。この先、どこかのカンファレンスや仕事などでみなさんにお会いできることを楽しみにしています。

ChatGPTを使ったプログラミング

近年はAIが身近なものになってきました。プログラミングにも積極的に活用することで、効率よく言語を学ぶことがでます。ここではどのような使い方ができるかを紹介しますので、ぜひ試してみてください。

①コードの自動生成

【ポイント】
ChatGPTでサンプルコードや関数の自動生成を行うことで、プログラミングを効率化

【実現方法】
ChatGPTに対して具体的な機能や目的を伝えると、対応するPHPコードを生成してくれます。たとえば「名前と住所を入力するフォームと、その内容をデータベースに保存するPHPプログラムを書いて」と依頼すると、サンプルコードを提供してくれます 図1 。このサンプルをベースに書き換えていくことでプログラミングの効率化に役立ちます。

②コードのリファクタリング

【ポイント】
ChatGPTで既存のコードをリファクタリングしたり、読みやすく保守しやすいコードに改善

【実現方法】
たとえば先ほどのコードをChatGPTに入力し、「このコードをPDOを用いて書き換えてください」と依頼すると、先ほどのコードをPDOに変更してくれます。また雑に書いたコードを「このコードをわかりやすくリファクタリングして」とお願いして綺麗にすることもできます。

③エラーメッセージの解釈と解決策

【ポイント】
エラーが発生した際にChatGPTでエラーメッセージの意味を解釈し、解決策を提案

【実現方法】
エラーメッセージをそのままChatGPTに入力し、「このエラーの意味と解決策を教えてください」と尋ねると、エラーの原因と解決方法を説明してくれます。

④ドキュメントの生成

【ポイント】
コメントやドキュメントを自動生成し、コードの理解と保守を補助

【実現方法】
ChatGPTに「このプログラムにコメントを追加してください」と依頼すると、関数の目的や使用方法についてのコメントを追加してくれます。「プログラムの全体で行っている処理の流れを教えてください」と依頼すれば、初見のプログラムの流れを把握するのに役立ちます 図2 。

⑤学習のサポート

【ポイント】
PHPの概念や使い方についての質問をChatGPTに投げかけ、リアルタイムな学習のサポート

【実現方法】
「PHPのクラスとオブジェクトの違いを教えてください」といった質問をChatGPTに投げると、わかりやすく解説してくれます。また、具体的な例を示してくれるので理解が深まります。

ただしAIは常に正しい結果を出してくれるわけではないので、現時点ではAIを正しく導く考えは人が持っておく必要があります。適材適所で利用しましょう。

図1 ChatGPTを用いたコードの自動生成の例

図2 ChatGPTを用いたドキュメントの自動生成の例

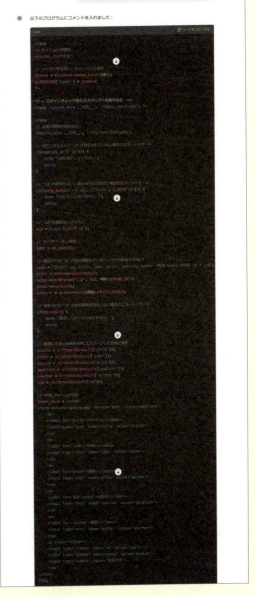

Index 用語索引

記号・数字

__DIR__	134, 235
!	126
[]	59
&&	125
||	125
**演算子	133
$_GET	120, 142, 222
$_POST	47, 142
$_SESSION	247
$dbh	189
$e->getMessage()	193
2次元配列	68

アルファベット

A
A_I	168
Apache	13
API	136
array()	59

B
bin2hex()	260

C
CakePHP	25
ChatGPT	266
Cassandra	163
checkdate()	208
CMS	25
CSRF	258
CSV形式	94

D
DELETE（SQL）	183
Docker	10

E
EC-CUBE	25
echo	27
empty()	210
ENT_QUOTES	110
exit	97
explode()	209

F
fetchメソッド	194, 224
fgetcsv()	95, 102
file_get_contents()	140
fopen()	95
for	55
foreach	61
function	87

G
getMessage()	193
GPLライセンス	164

H
hash_equals()	263
header()	253
htmlspecialchars()	110
HTMLエンティティ	110

I
if～else	48
if～elseif	52
if文	40
include	80
INSERT（SQL）	179
ISBNコード	94
isset()	157

J
json_decode()	144
JSON形式	136

L
Laravel	25
LIKE（SQL）	185

M

MariaDB	162
Memcached	163
MongoDB	163
MySQL	13, 164

N

NoRDB	161
null	155

O

Oracle Database	162

P

password_verify()	251
PDO	188
PDOに定義されたデータ型の定数	202
PHP	24
PHP_EOL	77
php.ini	16
phpinfo()	15
phpMyAdmin	164
PHPマニュアル	91
PostgreSQL	162
pow()	133
preg_match()	148

R

random_bytes()	260
RDB	161
Redis	163
require	80
REST形式	137
return	88

S

SELECT（SQL）	176
session_regenerate_id()	252
session_start()	246
SQL	161
SQL Server	162
SQLインジェクション	200

str_contains()	158
str_ends_with()	158
str_starts_with()	158
strlen()	86

T

try～catch	90, 191

U

UPDATE（SQL）	182

V

var_dump()	33, 85
Visual Studio Code	18

W

WHERE（SQL）	185
while	103
WordPress	25

X

XAMPP	10
XSS	108

Z

zipcloud	13

五十音

あ行

値	59
入れ子	68
インクリメント演算子	56
インスタンス化	189
インデント	42
オートインクリメント	168

か行

返り値	85
型	33, 35
型宣言	90
カラムストア型(NoRDB)	163
関数	84, 116

Index 用語索引

キー	59
キーバリュー型(NoRDB)	163
擬似的な型	35
キャスト	124
キャメルケース	33
クエリ	188
クエリパラメータ	142
クライアントサイドスクリプト言語	26
グローバル権限	170
クロスサイトスクリプティング	108
クロスサイトリクエストフォージェリ	258
結合演算子	38
結合代入演算子	39
コメント	98
コンパイル	26

さ 行

サーバサイドスクリプト言語	26
算術演算子	36
ショートタグ	229
スーパーグローバル変数	120
スカラー型	35
スネークケース	33
正規表現	148
制御構文	40
セッション	246

た 行

タイミング攻撃	263
データベース	160
デクリメント演算子	56
トークン	259
ドキュメント型(NoRDB)	163
特別な型	35

な 行

入力値	47
ネスト	68

は 行

配列	58

パスカルケース	33
パターン修飾子	207
ハッシュ化	243
バリデーション	125, 206
ヒアドキュメント	226
比較演算子	43
ファイルポインタリソース	97, 102
フォーク	164
複合型	35
浮動小数点数型	124
プリペアードステートメント	191, 200
プレースホルダー	200
フレームワーク	25
プロパティ	193
変数	30
ボディマス指数	122

ま 行

マジック定数	235
メソッド	193
文字列演算子	38
戻り値	85

や 行

要素	60

ら 行

リレーショナルデータベース	161
ループ処理	54
例外	191
連想配列	60
ローカル変数	213
論理演算子	125

執筆者紹介

柏岡秀男 （かしおか・ひでお）

有限会社アリウープ 代表取締役社長
PHPカンファレンス2003, 2020実行委員長
明日の開発カンファレンス実行委員長
スクラムマスター（RSM）/プロダクトオーナー(RPO)/Scrum@Scalse プラクティショナー（RS@SP）

PHPユーザ会発起人の一人、WEBアプリを中心としたシステム開発を行う。PHPカンファレンスでは初回開催時より実行委員。例年初心者向けセッションを行い、新たにPHPを学ぶ人との出会いを楽しみにしています。「明日の開発カンファレンス」、通称「アスカン」の開催などの活動を通して、PHPに限らず日本の開発界隈が盛り上がり続けることを期待しています。
著書：PHPハンドブック(SBクリエイティブ)
　　　いちばんやさしいPHPの教本(インプレス)
　　　小さな会社のスクラム実践講座 (エムディエヌコーポレーション)
Twitter：@kashioka

執筆協力（第1版刊行時）

徳丸 浩 （とくまる・ひろし）

1960年生まれ。1985年京セラ株式会社に入社後、ソフトウェアの開発、企画に従事。2008年、インターネットセキュリティを専門とするEGセキュアソリューションズ株式会社を設立、同社代表。著書に「体系的に学ぶ 安全なWebアプリケーションの作り方 (SBクリエイティブ)」等がある。
Twitter：@ockeghem

田中ひさてる （たなか・ひさてる）

1975年生まれ。20歳からフリーのプログラマーとして活動。さまざまな技術を経て、現在はおもにPHPを使い、サーバーサイドエンジニア業で技術リードとして活躍中。古参PhpStormユーザー。日刊IT日常系1コママンガ「ちょうぜつエンジニアめもりーちゃん」をTwitterで連載してます。みんな見てね。
Twitter：@tanakahisateru

レビュー協力（第1版刊行時）

高橋俊輔
川原翔吾
宇佐美健太
原田裕介
板谷郷司

謝辞

本書の執筆にあたり、たくさんの方々にご協力いただきました。
編集にご尽力いただいた小関さん、ありがとうございました。
レビューに参加いただいた徳丸さん、ひさてるさん、宇佐美さん、高橋さん、川原さん、原田さん、板谷さん、ありがとうございました。
田中ひさてるさんには早い時期から、何度もリモートで表現に悩む僕の話を聞いていただいて、感謝の限りです。
みなさまのご協力でなんとか出版に漕ぎ着けられました。あらためて御礼申し上げます。

●制作スタッフ

[装丁]	西垂水 敦 (krran)
[カバーイラスト]	山内庸資
[本文デザイン]	加藤万琴
[編集]	小関 匡
[DTP]	佐藤理樹(アルファデザイン)

| [編集長] | 後藤憲司 |
| [担当編集] | 後藤孝太郎 |

初心者からちゃんとしたプロになる

ＰＨＰ基礎入門 改訂2版

2024年9月1日　初版第1刷発行

[著 者]	柏岡秀男
[発行人]	諸田泰明
[発 行]	株式会社エムディエヌコーポレーション 〒101-0051　東京都千代田区神田神保町一丁目105番地 https://books.MdN.co.jp/
[発 売]	株式会社インプレス 〒101-0051　東京都千代田区神田神保町一丁目105番地
[印刷・製本]	中央精版印刷株式会社

Printed in Japan
©2024 Hideo Kashioka. All rights reserved.

本書は、著作権法上の保護を受けています。著作権者および株式会社エムディエヌコーポレーションとの書面による
事前の同意なしに、本書の一部あるいは全部を無断で複写・複製、転記・転載することは禁止されています。

定価はカバーに表示してあります。

【カスタマーセンター】
造本には万全を期しておりますが、万一、落丁・乱丁などがございましたら、送料小社負担にて
お取り替えいたします。お手数ですが、カスタマーセンターまでご返送ください。

落丁・乱丁本などのご返送先
〒101-0051　東京都千代田区神田神保町一丁目105番地
株式会社エムディエヌコーポレーション カスタマーセンター
TEL：03-4334-2915

書店・販売店のご注文受付
株式会社インプレス　受注センター
TEL：048-449-8040／FAX：048-449-8041

【 内容に関するお問い合わせ先 】

株式会社エムディエヌコーポレーション
カスタマーセンター メール窓口

info@MdN.co.jp

本書の内容に関するご質問は、Eメールのみの受付となります。メールの件名は「初心者からちゃんとしたプロになる
PHP基礎入門 改訂2版　質問係」、本文にはお使いのマシン環境 (OSとWebブラウザの種類・バージョンなど) をお
書き添えください。電話やFAX、郵便でのご質問にはお答えできません。ご質問の内容によりましては、しばらくお
時間をいただく場合がございます。また、本書の範囲を超えるご質問に関しましてはお答えいたしかねますので、あ
らかじめご了承ください。

ISBN978-4-295-20677-4 C3055